ASTÉROÏDES : LA TERRE EN DANGER

Coordination éditoriale : Tania Capron

Certains chapitres de cet ouvrage sont une refonte actualisée du *Feu du ciel*, précédemment paru au cherche midi.

23, rue du Cherche-Midi
75006 Paris
Vous pouvez consulter notre catalogue général
et l'annonce de nos prochaines parutions sur notre site :
www.cherche-midi.com

Jean-Pierre **Luminet**

ASTÉROÏDES : LA TERRE EN DANGER

Fin du monde : les vraies raisons

COLLECTION **DOCUMENTS**

cherche
midi

du même auteur au **cherche midi**

Noir soleil (poèmes), le cherche midi, 1993.
Les Poètes et l'Univers, le cherche midi, 1996. Rééd. 2012.
Le Feu du ciel, le cherche midi, 2002 (édition de poche : *Astéroïde*, Le Seuil/Points Sciences, 2005).
Itinéraire céleste (poèmes), le cherche midi, 2004.
La Nature des choses (poèmes), le cherche midi, 2012.

chez d'autres éditeurs

Les Trous noirs, Le Seuil/Points Sciences, 1992.
Figures du Ciel, avec M. Lachièze-Rey, Le Seuil, BNF, 1998.
Éclipses, les rendez-vous célestes, avec S. Brunier, Bordas, 1999.
Le Rendez-vous de Vénus (roman), Lattès. 1999 ; Livre de poche, 2001.
L'Univers chiffonné, Fayard, 2001 ; 2e édition Gallimard/Folio Essais, 2005.
Le Bâton d'Euclide (roman), Lattès, 2002 ; Livre de poche, 2005.
L'Invention du Big Bang, Le Seuil/Points Sciences, 2004.
De l'infini, avec M. Lachièze-Rey, Dunod, 2005 ; Le Seuil/Points Sciences, 2009.
Le Destin de l'Univers, Fayard, 2006 ; Gallimard/ Folio essais, 2010.
Le Secret de Copernic (roman), Lattès, 2006 ; Livre de poche, 2008.
La Discorde céleste (roman), Lattès, 2008 ; Livre de poche, 2009.
L'Œil de Galilée (roman), Lattès, 2009 ; Livre de poche, 2010.
La Perruque de Newton (roman), Lattès, 2010 ; Livre de poche, 2011.
Bonnes nouvelles des étoiles, avec Elisa Brune, Odile Jacob, 2009.
Illuminations, Odile Jacob, 2011.

Sommaire

Introduction

Le 30 juin 1908 à 7 heures du matin, une effroyable explosion ravage la Toungouska, lointaine vallée pratiquement inhabitée qui étend ses forêts de conifères entre la ville d'Omsk et le lac Baïkal, en Sibérie occidentale. Accompagné d'une lueur aveuglante, le souffle couche au sol tous les arbres dans un cercle de 100 kilomètres, décime des milliers de rennes, se propage, atteint les villages, brise des vitres, ébranle des immeubles. La déflagration est entendue à 1 500 kilomètres à la ronde, jusqu'au cercle arctique.

Un habitant de Vanarava, à 60 kilomètres de l'endroit, aperçoit juste avant l'explosion un objet énorme et étincelant, gros comme la moitié du Soleil, qui fend le ciel à la vitesse de l'éclair. Suivi par un sillage de poussière et de fumée, l'objet dégage une chaleur telle que la chemise de l'homme commence à prendre feu. Terrorisé, il a juste le temps de courir se réfugier dans sa maison afin d'éteindre les flammes.

D'autres témoins affirment avoir vu s'élever un énorme champignon de fumée noire coupant le ciel en deux. Vingt kilomètres au nord de Vanarava, les nomades des tribus toungouzes transhumant dans les forêts croient que la fin du monde est venue. Leurs huttes, arrachées du sol comme des fétus de paille, s'envolent aux quatre vents, et ils perdent des centaines de leurs rennes, gravement brûlés.

Région parmi les plus hostiles, la Toungouska compte alors très peu d'habitants. Si les dégâts matériels sont énormes, on ne déplore heureusement que quelques blessés et brûlés. Un vrai miracle. D'autant que d'incroyables phénomènes lumineux se produisent. Ce soir-là, la nuit ne se couche pas dans presque toute l'Europe. La Grande-Bretagne est éblouie par un coucher de soleil étincelant ; la nuit, sillonnée de nuages de lumière rose, est si claire que les Londoniens peuvent lire leur journal dans la rue à minuit, sans avoir recours à l'éclairage de la ville. Des nuits d'une blancheur irréelle s'installent plusieurs semaines durant.

Enregistrée par les sismographes du monde entier, l'énergie libérée est estimée à 15 millions de tonnes de TNT. C'est 1000 fois la bombe atomique qui détruira trente-sept ans plus tard Hiroshima.

Du fait des événements qui secouent le début du siècle (purge politique en Russie, Première Guerre mondiale), les savants soviétiques ne commencent à explorer le site de la Toungouska qu'en 1927. Les arbres sont encore brûlés, couchés radialement autour du centre de l'explosion. Aucun gros cratère ne marque un point d'impact. Les scientifiques interprètent mal les données qu'ils recueillent : les dépressions qu'ils prennent pour de petits cratères sont en réalité les manifestations normales du permafrost, un terrain caractéristique des régions polaires dont la surface est grêlée de trous par les écoulements d'eau souterrains. En fait, aucune grosse météorite ne sera jamais découverte sur le site. Les hypothèses les plus extravagantes circulent alors : explosion d'un vaisseau extraterrestre propulsé par énergie nucléaire, désintégration d'un fragment d'antimatière, collision entre notre planète et un microtrou noir… En 1983, des particules microscopiques contenant une forte concentration d'iridium sont toutefois collectées par une expédition soviétique. Or l'iridium, métal rare dans la croûte terrestre, est un constituant ordinaire des météorites. En 2010, une nouvelle expédition découvre des fragments en tout point semblables à ceux d'une comète. Le mystère de la Toungouska est résolu, comme titre la *Pravda* du 25 octobre 2010 : une météorite pierreuse, fragment de comète d'une cinquantaine de mètres de diamètre, a percé l'atmosphère à la vitesse de 80 000 km/h, s'est désintégrée à 8 000 mètres d'altitude et a créé cette onde de choc qui a détruit la taïga sur 2 000 km^2.

Le 9 décembre 1997, une météoride* (voir paragraphe « Pour ne pas se tromper », p. 38) de grande taille a explosé sur la côte est du Groenland, à proximité du village de Narsaq, engendrant un panache opaque de fumées et de vapeur de plus de 150 kilomètres de diamètre, photographié par un satellite d'observation terrestre.

La chute a été observée depuis de nombreux endroits situés à plusieurs milliers de kilomètres, en Amérique du Nord. Elle a été décrite par plusieurs témoins sous la forme d'une brillante boule rouge-orange traînant une longue queue de débris.

Il pourrait s'agir d'un fragment de comète associé aux Géminides, l'essaim de météorides traversé par l'orbite terrestre en cette saison et particulièrement actif cette année-là.

En admettant une vitesse de rentrée dans l'atmosphère de 70 km/s, la masse minimale indispensable de la météorite devait être d'environ 4 millions de tonnes. Il s'agirait de l'explosion cosmique la plus importante du XXe siècle, après celle de la Toungouska en 1908. En raison du relief très hétérogène de la région de chute, comprenant glaciers, crevasses et montagnes, aucun cratère ni aucun fragment de la météorite n'ont pu être identifiés de façon certaine. Le bolide s'est peut-être désintégré en vol, ce que justifierait sa nature pierreuse, sinon cométaire.

Cher Monsieur le Président,

Je n'ai pu retenir un sourire en lisant le rapport de votre administration faisant état de « questions scientifiques urgentes », dans un domaine où j'ai quelques compétences. Je soulignerai que, en tant qu'astrophysicien, le mot « urgent » m'est assez peu coutumier. Quand on me demande en quoi consiste mon métier, j'en parle plus comme d'un art que comme d'une science : les astrophysiciens donnent de belles visions et de passionnants récits quant à des événements situés à des horizons et des époques éloignés à de telles échelles qu'ils n'ont que très peu de chances d'affecter nos vies quotidiennes.

Cependant, certains aspects de mon travail peuvent bel et bien avoir des conséquences mortelles, ou plutôt pourraient en avoir s'ils demeurent ignorés de la sphère politique. C'est là que la terre et le ciel se rencontrent : dans la possibilité, et, à long terme, la certitude, que des êtres humains perdent la vie à la suite d'un impact d'astéroïde, grand ou petit.

Des personnes avisées diraient qu'il y a des choses bien plus urgentes à étudier, et beaucoup le sont en effet. Il ne faut pour autant pas négliger la menace d'un impact cosmique avec la Terre. Seriez-vous prêt à annoncer aux citoyens du monde qu'un astéroïde se dirige droit vers eux ? Il vous faudrait leur dire que, en effet, la Nasa a bien découvert et suivi des astéroïdes, mais que, par manque de moyens financiers, tous n'ont pu être répertoriés et qu'aucune recherche sur les moyens de dévier leur trajectoire meurtrière n'a jamais été effectuée, bien que la technologie soit en théorie suffisamment avancée pour le permettre. Un discours assez désagréable à prononcer, à mon humble avis.

Heureusement, il est assez simple de développer la technologie nécessaire à l'envoi d'un vaisseau capable de donner une petite pichenette à un astéroïde de 100 mètres de diamètre, afin qu'il passe au large de la Terre. Les outils sont à portée de main, il n'y a plus qu'à procéder à des essais qui établiront notre capacité à dévier de manière significative l'orbite d'un astéroïde. De cette seule manière, le jour où un géocroiseur malavisé viendra nous saluer, si je puis dire, nous serions prêts. Nous pourrions ainsi sauver des millions de vies, ou à tout le moins nous ne pourrions pas être accusés d'avoir ignoré délibérément le danger.

Et si nous sommes chanceux, et qu'aucun astéroïde meurtrier ne vient croiser notre route dans un futur proche, cette technologie ouvrirait la voie à une nouvelle ère de l'exploration du Système solaire. Les moteurs à plasma, par exemple, pourraient servir à remorquer les astéroïdes, mais aussi à accélérer significativement l'expansion de l'homme dans l'espace. Quel plus bel héritage pourrait laisser votre gouvernement : ouvrir la porte à la colonisation humaine d'autres planètes, tout en rendant la nôtre plus sûre.

Piet Hut. Astrophysicien, Institute of Advanced Study, Princeton.
Membre fondateur du Kira Institute et de la Fondation B612.

Cette lettre, adressée le 4 mai 2003 à George W. Bush, alors à la tête des États-Unis, restera dans les annales de l'histoire de l'astronomie. Elle réactive la terreur la plus vieille du monde : celle de sa fin, précisément. La peur que le ciel finisse véritablement par nous tomber sur la tête, pour parler comme l'un de nos plus sympathiques compatriotes.

Une peur qui n'est pas dénuée de tout fondement : la Fondation B612, une fondation privée sise en Californie, a été créée le 7 octobre 2002 sous le parrainage d'un groupe d'experts en astéroïdes et en technologie spatiale des plus sérieux, réunis par la Nasa un an plus tôt pour réfléchir sur les moyens de se protéger des astéroïdes potentiellement dangereux, dits « géocroiseurs ». Son nom est celui du minuscule astéroïde (imaginaire) sur lequel *Le Petit Prince* de Saint-Exupéry faisait pousser sa rose. Son objectif est de trouver le moyen de dévier la trajectoire des astéroïdes géocroiseurs qui seraient susceptibles de percuter un jour la Terre, et de provoquer, comme pour les infortunés dinosaures il y a 65 millions d'années, une extinction massive d'espèces.

PARTIE I

TOUT CE QUI TOMBE DU CIEL…

« On envie l'aérolithe. D'où tombes-tu, morceau de l'inconnu ?
Qui t'a formé ? Qui t'a brûlé ? Quelle rencontre as-tu faite ?
Quel est ton secret ? Où allais-tu ?
Tomber de là-haut, quel admirable sort !
Tu n'étais qu'une pierre, tu es un prodige. »

Victor Hugo, *Le Promontoire des songes*, 1864

1

Des pierres de foudre aux météorites

Parmi les phénomènes atmosphériques, les Anciens attribuaient une extrême importance aux météores, présages qui permettaient la divination. C'est pourquoi les philosophes, et particulièrement les atomistes, s'employèrent à les expliquer rationnellement, à les démythifier: «Si la crainte des météores et la peur que la mort ne soit quelque chose pour nous, ainsi que l'ignorance de la limite des douleurs et des désirs, ne venaient gêner notre vie, nous n'aurions nullement besoin de physique» (Épicure, vers 300 av. J.-C.).

En l'an 467 avant l'ère chrétienne, une énorme météorite tomba près d'Aegos Potamos, en Thrace. Cinq siècles plus tard, elle était encore visible et sa célébrité parvint aux oreilles de Pline l'Ancien:

> «Les Grecs racontent à l'envi que, la deuxième année de la 78e Olympiade, Anaxagore de Clazomènes prédit, grâce à sa connaissance de la science astronomique, qu'à tel moment une pierre devait tomber du ciel; et cela arriva en plein jour en Thrace, près d'Aegos Potamos. On

> montre encore la pierre du volume d'une charretée et d'une couleur brune; et en même temps une comète brillait pendant les nuits. Si l'on croit à cette prédiction, il faut reconnaître que le pouvoir d'Anaxagore fut bien merveilleux et avouer que notre compréhension du monde s'effondre et qu'il règne une confusion générale, si l'on admet que le Soleil même soit une pierre ou en ait jamais renfermé une. Cependant on ne doutera pas qu'il tombe fréquemment des pierres. Dans le gymnase d'Abydos, on vénère pour cette raison, et de nos jours, une pierre de taille modeste, il est vrai, mais dont le même Anaxagore avait, dit-on, annoncé la chute au milieu des terres. Une pierre est aussi l'objet d'un culte à Cassandria, qui portait le nom de Potidée et qui fut colonisée pour ce motif. J'ai vu de mes yeux, dans le territoire des Vocontiens, une pierre qui venait d'y tomber» (*Histoire naturelle,* livre II).

Pline vécut entre 23 et 79, sous les règnes de Néron et de Vespasien. Il était amiral de la flotte de Misène, dans le golfe de Naples, lorsque l'après-midi du 24 août 79 se produisit l'éruption du Vésuve qui détruisit Herculanum et Pompéi. Il s'y rendit pour observer le phénomène et porter secours aux populations, mais il trouva la mort dans une nuée ardente (un nuage de gaz chauds et de débris de lave).

Aristote, s'il avait vécu au temps de Pline et non quatre siècles auparavant (384-322 av. J.-C.), aurait dit que l'amiral avait été tué par un «météore». Le philosophe grec était un passionné de classification. Dans ses *Météorologiques*, il a voulu expliquer que tous les événements étaient régis par les échanges entre les quatre éléments constitutifs du monde : terre, eau, air, feu. Chacun de ces éléments était lui-même la réunion de deux qualités. L'air (froid-humide) et le feu (chaud-sec) produisaient ainsi la plupart des phénomènes atmosphériques, comme la pluie, la neige, la grêle, l'arc-en-ciel, les aurores boréales et les éruptions volcaniques.

Dans son souci de tout englober, Aristote pensait que les manifestations plus lointaines, comme les comètes, étaient aussi des exhalaisons atmosphériques. Sur la météorite d'Aegos Potamos, Aristote écrivit que la pierre avait été soulevée par le vent et était retombée ensuite, l'apparition de la comète étant une coïncidence.

Ceci est l'occasion de rappeler que le mot météore vient du grec *meteôros* qui signifie « élevé dans les airs » – raison pour laquelle les monastères perchés sur les pitons du mont Athos, en Grèce, sont appelés Météores.

À la suite d'Aristote, on assimila successivement les pierres tombées du ciel à des matières d'origine terrestre : roches transportées par des tempêtes ou des pluies prodigieuses, fragments de montagnes lointaines arrachés par le vent, laves éjectées par les volcans ou cailloux formés par la foudre. L'expression la plus souvent utilisée était d'ailleurs « pierres de foudre », et on leur attribuait des pouvoirs surnaturels. En tout état de cause, jusqu'au début du XIXe siècle, leur origine cosmique était jugée impossible du point de vue de la physique.

Si ces croyances peuvent paraître aujourd'hui naïves, il faut se replacer dans le contexte des connaissances de l'époque. La matière sous forme de pierraille est bien la dernière chose qu'un homme sensé puisse imaginer en train de voltiger dans les airs. L'eau, oui, le feu, à la limite, en décharges brusques, mais des cailloux ? Dans le film *Magnolia* de Paul Thomas Anderson, sorti en 1999, la dernière scène donne à voir un incroyable spectacle : des cataractes de grenouilles mortes s'abattent sur la Californie. Elles tombent du ciel comme des grêlons, s'écrasent sur les pare-brise, s'entassent au sol avec un bruit mat. Le spectateur, d'abord ébahi, hausse vite les épaules en pensant : pur délire d'artiste. Il faut bien comprendre qu'avant l'astronomie scientifique, qui fit de l'Univers un immense objet matériel, l'idée que des cailloux puissent être accrochés là-haut n'était pas plus imaginable que des pluies de grenouilles mortes.

Magies et mystères de la voûte céleste

En l'an 205 avant l'ère chrétienne, les troupes carthaginoises d'Hannibal ravagent l'Italie et menacent l'existence même de la république romaine. Après avoir assisté à la chute d'une impressionnante pluie de météores, les sénateurs romains consultent les oracles. Ceux-ci prophétisent qu'Hannibal sera vaincu si la Pierre Mère est transportée à Rome. La Pierre Mère est une grosse météorite de forme conique, censée représenter la Mère de tous les dieux, et qui se trouve enchâssée dans un temple d'Asie mineure, au royaume de Pergame. Une délégation romaine se rend auprès du roi de la place, Attale, pour le persuader de céder la pierre. Ce n'est qu'après un tremblement de terre que le monarque, effrayé, consent enfin à leur confier la relique. Un vaisseau sacré est construit, la météorite prend le chemin de l'Italie et parvient à Rome après avoir remonté le Tibre. Accueillie en grande pompe, elle est conduite en procession au temple de la Victoire. L'opération provoque un regain de confiance et les soldats romains, galvanisés, parviennent à expulser Hannibal d'Italie. Dans la foulée, ils envahissent Carthage. En témoignage de gratitude, les Romains construisent un temple sur le mont Palatin, où la météorite sera adorée pendant cinq siècles.

En Syrie, dans le temple d'Émèse, le dieu Soleil, Baal, était vénéré sous la forme d'une pierre conique de couleur noire, que l'on disait détachée de lui. Son prêtre prit le nom du dieu, El Gabal. Proclamé empereur par l'armée romaine sous le nom d'Héliogabale en 218, à l'âge de 14 ans, il fit transférer la météorite à Rome à grands frais. Pour l'abriter, il ordonna la construction de deux magnifiques temples, l'un sur le mont Palatin, l'autre dans les faubourgs. Chaque jour, l'empereur en personne allait adorer la Pierre noire, vêtu d'une robe de soie, coiffé d'une tiare et les joues peintes en rouge et blanc. Dirigeant les chœurs, il dansait autour d'elle et lui sacrifiait de nombreux animaux. Un chariot sacré, incrusté d'or et de pierres précieuses, tiré par de grands chevaux à la blancheur immaculée, transportait la météorite d'un temple à l'autre. Aucun mortel n'était admis dans le chariot, à l'exception d'Héliogabale bien sûr, qui tenait les rênes. Le culte de la météorite devint la religion officielle de l'Empire romain.

Cruel et dépravé, Héliogabale fut tué sauvagement en l'an 222 par sa garde prétorienne, lassée de ses extravagances. La météorite, ramenée en Syrie, réintégra le temple d'Émèse. Elle fut vraisemblablement brisée lors de la transformation du temple en église chrétienne, au IVe siècle. Le site n'a jamais été fouillé par les archéologues. Sur son emplacement s'élève aujourd'hui une mosquée.

Le bolide d'Ensisheim

> «En l'an de grâce 1492, le septième jour de novembre, aux environs de midi, survint un grand coup de tonnerre accompagné de déflagrations et d'éclairs, puis une pierre de deux cent soixante livres tomba des airs. Les savants eux-mêmes disaient qu'ils ne savaient pas ce dont il s'agissait et qu'une telle pierre tombant du ciel serait quelque chose de surnaturel.»

L'événement est relaté par Sebastian Brant, poète et professeur à l'université de Bâle. L'objet céleste avait traversé un ciel couvert et sombre avant de s'abattre dans un champ de blé, près du village alsacien d'Ensisheim. Le seigneur de la ville, qui devait devenir l'année suivante le Saint Empereur romain germanique Maximilien Ier, interpréta l'événement comme un signe de la protection divine contre l'envahisseur turc; il ordonna donc d'enchâsser l'objet dans l'église locale. Craignant que le talisman ne s'envole à nouveau vers le ciel pendant la nuit, les villageois enchaînèrent la pierre au mur de l'église. Plus tard, la météorite fut suspendue dans l'église d'Ensisheim, sur ordre de l'empereur. Elle y resta jusqu'à la Révolution. Elle constitue aujourd'hui le trésor du village, exposé au musée de la Régence. Pesant 127 kilos au moment de sa découverte, elle subit au cours des siècles divers prélèvements, dont un morceau de 10 kilos conservé au Muséum national d'histoire naturelle de Paris, et ne pèse plus que 53,8 kilos.

Elle a ses protecteurs attitrés: la confrérie des Gardiens de la Météorite. En l'honneur de cette pièce inestimable, la plus ancienne d'Europe, la confrérie organise depuis l'an 2000 une bourse aux météorites à Ensisheim, où un bon millier de visiteurs viennent chaque année faire leurs emplettes ou simplement jouer les curieux.

Au dos d'un panneau représentant saint Jérôme en pénitence, daté de 1494, Albrecht Dürer a peint le bolide d'Ensisheim. Il est probable que Dürer, alors jeune apprenti dans un atelier d'artiste à Bâle, fut témoin de sa chute. L'œuvre est l'une des rares représentations picturales d'une météorite dans l'histoire de l'art (les comètes, en revanche, sont légion).

Chinoiseries

Afin de réparer la voûte céleste, la déesse chinoise Nü Gua utilisa 36 500 blocs de pierre. Comme les ténèbres régnaient, Indra, le plus grand des dieux, détenteur de la puissance, brisa le ciel à coups de marteau, libérant la lumière et la pluie. Puisque le ciel est de pierre, il ne faut pas s'étonner qu'il en tombe parfois quelques morceaux. Les anciens Chinois nommaient d'ailleurs les météorites *xingyunchengshi*, que l'on pourrait traduire par « étoiles tombantes changées en pierre ».

> « Dans la première année du règne de Qia Ping (1064), il y eut un bruit terrible, comme de tonnerre, à Changzhou, vers midi. Une étoile enflammée, aussi grosse que la lune, apparut dans le sud-ouest. En un instant, il y eut un autre coup de tonnerre et l'étoile vira vers le sud-ouest, enfin avec encore un bruit de tonnerre, elle tomba dans le jardin de la famille Xu, dans le district de Yijing. On vit un trou en forme de bol dans le sol, avec à l'intérieur la météorite qui brilla pendant longtemps. Même quand elle eut cessé de briller, elle était trop chaude pour que l'on puisse s'en approcher. Finalement, on creusa la terre et on trouva une pierre ronde de la taille du poing, encore chaude. Elle avait même couleur et même poids que le fer. »

La description est de Shen Gua, un astronome de la période Song. Pour les hommes de cette époque, un événement aussi rare ne pouvait signifier qu'une chose : l'empereur avait perdu le mandat du Ciel.

Le 8 mars 1976, une pluie de débris célestes tombe au-dessus de Jilin, en Mandchourie. Parmi eux, une masse de 1 800 kilos. Les villageois l'examinent avec stupeur. Malgré leur éducation marxiste, ils l'interprètent comme un signe que le président Mao Zedong a perdu le mandat du Ciel. Le Grand Timonier meurt le 9 septembre de la même année.

Des objets extraterrestres ?

Le débat sur l'origine des météorites rebondit à la fin du XVIIIe siècle, quand augmenta le nombre des chutes signalées et des spécimens trouvés.

Le premier événement déterminant fut une pluie de quelque deux cents pierres, certaines pesant jusqu'à 1,5 kilo, qui s'abattit sur la cité médiévale de Sienne, en Italie, le 16 juin 1794. Les spectateurs relatèrent qu'un nuage s'était matérialisé en haute altitude dans le ciel crépusculaire, crachant de la fumée, des étincelles et des éclairs de lumière rouge. Il y eut ensuite une forte explosion, et des fragments pierreux tombèrent en cascade dans une prairie et un étang à l'extérieur de la ville. De nombreux touristes anglais visitaient Sienne à ce moment-là. Ils s'arrachèrent à prix d'or la plupart des spécimens collectés, et ces souvenirs cosmiques circulèrent en Angleterre au retour des voyageurs. Si fumées et étincelles accompagnent souvent la chute d'une météorite, il reste plus difficile d'accorder foi aux « éclairs de lumière rouge », probablement imaginés dans l'excitation générale.

Une autre chute eut lieu à Wold Cottage, un village du Yorkshire, en Angleterre, le 13 décembre 1795. Un ouvrier agricole assista de près à l'impact de la météorite. Le trophée de pierre, pesant 25 kilos, fut exposé dans un café de Gloucester, à un shilling l'entrée.

L'importance des chutes de Sienne et de Wold Cottage vient de ce qu'elles coïncidèrent avec des avancées théoriques réalisées par Chladni, d'une part, Howard et de Bournon, d'autre part.

Ernst Chladni, un juriste allemand reconverti à la physique, était fasciné par la science de l'acoustique et il avait fabriqué un nouvel instrument à clavier, l'euphonium. En 1792, il se rendit à l'université de Göttingen pour montrer l'appareil à son mentor, le physicien Georg Lichtenberg. La discussion dévia sur les conférences que ce dernier venait de donner au sujet des météores et des boules de feu. Le principal talent de Lichtenberg consistait à lancer en l'air des idées qui ouvraient de nouvelles perspectives et qui, en retombant, permettaient à d'autres de pousser plus loin les investigations. Il soutenait par exemple que les boules de feu étaient d'origine cosmique plutôt qu'atmosphérique.

Cette hypothèse enflamma l'imagination de Chladni. Celui-ci s'enferma dans la bibliothèque de la ville, où il étudia les documents relatifs aux dix-neuf chutes de « pierres de foudre » historiquement répertoriées, huit d'entre elles depuis 1700. Dans son laboratoire, il examina minutieusement divers fragments constitués de pierre, de fer ou d'un mélange des deux. À cette dernière catégorie appartenait la Pallasite, une météorite de 680 kilos découverte en 1749 près de Krasnoïarsk, en Sibérie. Peter Simon Pallas, naturaliste au service de l'impératrice Catherine II de Russie, avait exploré la Sibérie et en avait rapporté cette grosse météorite à laquelle il donna son nom.

Dans un article historique publié en 1794, Chladni fit observer qu'aucun minerai de fer n'existait dans la région où cette roche était tombée; un coup de foudre n'aurait pas pu transmuter en fer une pierre du lieu, ni soulever très haut dans les airs un pareil poids. Pour répondre à l'hypothèse selon laquelle cette masse de pierre et de fer aurait pu être façonnée par d'anciens habitants de la région, Chladni notait que la Sibérie ne disposait pas du minerai de fer nécessaire. Il ajoutait que, même si les peuplades primitives locales étaient parvenues à s'en procurer, elles n'auraient jamais pu réaliser un mélange de pierre et de fer aussi homogène que celui de la météorite de Krasnoïarsk.

Procédant par élimination, Chladni rejeta ainsi une à une les explications avancées, foudre, vapeurs terrestres ou aurores boréales, au profit de la proposition de Lichtenberg : les météorites venaient bel et bien de l'espace interplanétaire. Il s'agissait de petites masses de matière voyageant dans l'espace avant d'être capturées par l'attraction de la Terre ; elles pénétraient alors dans l'atmosphère de la planète et s'enflammaient, formant ces boules de feu que Lichtenberg et tant d'autres avaient décrites.

Chladni risqua une seconde hypothèse, encore plus hardie, sur l'origine même des météorites : elles étaient soit des résidus ayant échappé au processus de formation d'autres corps célestes plus gros, soit au contraire des débris de leur explosion. Pré-astres ou post-astres, Chladni fit des météorites les briques fondamentales du grand chantier cosmique.

Parallèlement, le chimiste anglais Edward Howard et le minéralogiste français Jacques Louis de Bournon effectuaient les premières analyses chimiques de spécimens. Parmi ceux-ci, des fragments de la Pallasite de Krasnoïarsk, des échantillons de la chute de Sienne, des miettes de celle de Wold Cottage, et d'autres météorites découvertes en Inde et en Croatie. Et ils découvraient un élément de taille : tous les échantillons examinés – qu'ils fussent pierreux, ferreux, ou les deux à la fois – contenaient du nickel, un élément extrêmement rare sur Terre dans les formations rocheuses courantes. En relevant ce point commun à toutes les météorites, les deux savants éliminaient définitivement l'idée selon laquelle elles n'étaient que des formes exotiques de roches terrestres. Ce fut la seconde contribution décisive à la thèse de l'origine extraterrestre des météorites.

La météorite qui changea tout

La chute de L'Aigle, qui se produisit le 26 avril 1803, marqua le glas des interrogations sur la nature des météorites. Ce jour-là, plus de 3000 pierres s'abattirent en plein jour, tout près du village de L'Aigle, en Normandie. C'en était trop et les pouvoirs publics décidèrent de faire la lumière sur l'affaire. Chaptal, le ministre de l'Intérieur, dépêcha sur place le physicien Jean-Baptiste Biot, qui interrogea des dizaines de témoins et présenta son rapport à l'Académie le 17 juillet :

« Ils entendirent comme un coup de canon, ensuite un coup double plus fort que le précédent, et celui-ci fut suivi d'un roulement qui a duré environ dix minutes et qui était accompagné d'un sifflement. Tous les paysans furent très effrayés. Les plus grosses pierres ont été lancées si violemment qu'elles sont entrées dans la terre au moins à un pied de profondeur. Elles sont noires extérieurement, et grisâtres intérieurement : il semble qu'il y ait dedans une sorte de métal. »

Biot fit valoir que tous les fragments collectés à L'Aigle étaient remarquablement similaires, mais sans ressemblance aucune avec les cailloux de la région. Pour lui, il était clair que les pierres de foudre étaient tombées de l'espace.

Des fragments furent analysés par le chimiste Antoine Fourcroy, qui fit lecture en séance publique de l'Institut de son *Mémoire sur les pierres tombées de l'atmosphère*, et spécialement sur celles tombées auprès de L'Aigle, le 6 floréal an XI, et confirma l'hypothèse de Biot.

Les fondements de la connaissance des météorites et de leur origine étaient désormais établis. La reconnaissance des faits par les pouvoirs publics et par la science officielle ouvrit à la recherche sur les météorites une ère nouvelle.

On s'engagea avec passion dans la suite logique de la discussion : de quel astre pouvaient provenir ces roches célestes ? Des savants réputés du moment, comme Laplace, Poisson ou Olbers, penchèrent pour l'hypothèse d'une éruption volcanique sur la Lune. Selon Camille Flammarion, la Lune devait comporter trois volcans, dont deux éteints. La théorie lunaire prévalut pendant un siècle, puis les météorites furent enfin comprises comme les vestiges de la formation du système solaire – les messagères de notre propre enfance.

Malgré tout, une poignée de météorites sont bien d'origine lunaire, mais elles ont été arrachées par des impacts, et non par des éruptions volcaniques.

2

Objets volants identifiés

Manne céleste

« Une nappe tendue sous un pommier ne peut recevoir que des pommes, une nappe tendue sous les étoiles ne peut recevoir que des poussières d'astres », écrivait Antoine de Saint-Exupéry dans son roman *Terre des hommes* (1939).

Aujourd'hui, les scientifiques restent partagés sur la question de déterminer la masse de météorites qui tombe en moyenne sur notre planète. Dans l'hypothèse haute, la Terre reçoit chaque jour 1000 tonnes de matière céleste – essentiellement sous forme de grains microscopiques. Une quantité globalement négligeable, qui ne produit aucun changement discernable dans la composition d'ensemble de la croûte terrestre.

On estime que 90 % des météorites ne sont jamais découvertes, car ce sont des microméteorites dont la masse est inférieure au gramme. Quant aux pierres plus grosses, il en choirait chaque année quelques milliers d'au moins 1 kilo, et une centaine de plus de 100 kilos. Les trois quarts d'entre elles s'abîment au fond des océans. Celles qui parviennent sur la terre ferme sont rapidement dégradées par l'érosion, enfouies par les labours, recouvertes par la végétation. Sous un climat tempéré, la croûte de fusion se ternit et prend une coloration brune, et la météorite devient encore plus difficile à repérer parmi les roches terrestres. Conséquence : on n'a guère retrouvé que vingt météorites par an, en moyenne, au cours des deux derniers siècles. Cependant, depuis quelques années, les trouvailles se sont multipliées dans l'Antarctique et les déserts. Non pas que les météorites y tombent en plus grand nombre qu'ailleurs, mais elles sont là plus facilement repérables.

Pour ne pas se tromper

Le terme de « météorite » n'a fait son entrée dans le dictionnaire qu'en 1846. Il est indifféremment féminin ou masculin. Jusqu'au milieu du XXe siècle, on parlait encore d'« aérolithes » ou d'« uranolithes ». Un peu de terminologie permettra d'y voir plus clair.

Un *météore* est un effet visuel, une traînée lumineuse traversant fugitivement le ciel, qui se produit, de jour ou de nuit, quand un corps solide de l'espace interplanétaire pénètre dans l'atmosphère de la Terre. Filant à une vitesse de quelques dizaines de kilomètres par seconde, il est porté à l'incandescence par la chaleur de friction que crée son passage dans l'air. Le projectile est appelé *météoride*. Sa taille peut aller de l'infime grain de poussière interplanétaire, qui n'a aucun effet appréciable sur la planète, jusqu'à l'astéroïde de plusieurs kilomètres, capable de semer la destruction sur tout le globe.

Un météore exceptionnellement brillant est une *boule de feu.* Une météoride qui explose de façon audible au cours de son transit atmosphérique est un *bolide* (du grec signifiant: objet lancé). La plupart des météorides sont des grains minuscules, ne pesant que quelques milligrammes. On les nomme *micrométéorites.*

Beaucoup de météorides n'atteignent jamais le sol, entièrement consumées pendant leur voyage dans l'atmosphère. Elles animent le ciel nocturne de jolies traînées lumineuses que l'on appelle *étoiles filantes.* Certains êtres humains sont encore charmés par ce spectacle au point d'y associer un vœu.

Ce n'est que lorsqu'elle survit à son plongeon et touche terre qu'une météoride prend le nom de *météorite.* Les météorites peuvent être des morceaux d'astéroïdes, de comètes, et même de planètes, de celles qui ne tournent plus autour du Soleil. Elles tombent sur la Terre, capturées par son attraction. Toutes, sauf les plus grosses, sont fortement ralenties par la friction atmosphérique, et atteignent le sol discrètement. Seules les météorites de quelques centaines de tonnes, très peu freinées, creusent des cratères.

Les *astéroïdes* sont des corps rocheux qui gravitent pour la plupart sagement autour du Soleil. Beaucoup sont concentrés entre les orbites de Mars et de Jupiter. On pense qu'ils représentent les résidus d'une planète qui n'a pas réussi à se former. Les astéroïdes se rencontrent parfois entre eux. Tournant tous dans le même sens, en troupeau, leurs vitesses relatives ne dépassent guère 5 km/s. Mais leur masse est trop faible pour retenir les débris issus de ces chocs. Un peu de leur matière est éjectée.

Les *comètes* sont des astres beaucoup plus capricieux, mais toujours liés au Soleil. Elles filent aux confins du Système solaire avant de revenir à tire-d'aile. Elles sont formées d'un noyau de quelques kilomètres de diamètre composé de poussières, de roches et de glaces amalgamées. Quand la comète se rapproche du Soleil, sa surface se réchauffe et la glace se sublime, c'est-à-dire passe à l'état gazeux, relâchant gaz et poussières dans l'espace. L'interaction de ces gaz et poussières avec les radiations solaires forme une longue traînée brillante, voile de mariée célébrant les noces périodiques d'un couple orageux.

Dans cette « chevelure », la comète perd un peu de poids. Dix mètres d'épaisseur de noyau fondent à chaque passage. La comète Tuttle a tout flambé, elle est maintenant réduite à son squelette. D'autres comètes, plus pérennes, ne prennent un bain de soleil que tous les cinquante ou cent ans, voire cent siècles.

Les débris de comète, lorsqu'ils croisent l'orbite de la Terre, se volatilisent presque toujours dans l'atmosphère, produisant dans le ciel des averses de météores spectaculaires, mais laissant peu de traces à la surface du globe, sinon sous forme de poussières. Certaines météorites plus conséquentes, ramassées au sol, pourraient néanmoins provenir de comètes. La preuve n'en sera apportée que lorsqu'une sonde spatiale se sera posée sur l'une d'elles et aura analysé son sol.

Même des corps célestes imposants, comme Mars ou la Lune, peuvent perdre de petits morceaux en cours de route. Mais cette fois, il faut des chocs cosmiques formidables pour provoquer l'éjection – ceux-ci ne se produisent que rarement. Les débris sont projetés dans l'espace et errent au hasard, mais leur échouage sur Terre n'est pas fréquent. Trouver un bout de Lune ou un bout de Mars est un événement.

En résumé, la plupart des météorites proviennent de la ceinture d'astéroïdes située entre Mars et Jupiter, notamment de l'un des plus gros, Vesta. Quelques-unes se détachent des comètes. Un petit nombre vient de la Lune et de Mars. Au total, ce sont des fragments de tout le Système solaire qui nous tombent sur la tête.

Chutes et trouvailles

Les météorites qu'un témoin observe lors de leur irruption dans l'atmosphère et ramasse peu après sont appelées *chutes*. Celles qui s'écrasent clandestinement et sont découvertes plus tard portent le nom de *trouvailles*.

Certaines chutes peuvent être spectaculaires. Le 9 octobre 1992, des milliers de personnes assistaient à des matchs sportifs dans le nord-est des États-Unis. Elles aperçurent soudain un objet très brillant qui traversait le ciel à grande vitesse, selon une trajectoire presque horizontale, puis se scinda en fragments. Impossible de le confondre avec une balle de base-ball projetée par un batteur herculéen ! La chute fut filmée en vidéo par des amateurs. La météorite échoua à Peekskill, petite ville de la banlieue de New York, défonçant le coffre d'une automobile Chevrolet. Cette pierre noire de 12 kilos était d'un type plutôt banal, cotée d'ordinaire 2 dollars le gramme sur le marché. De la météorite de Peekskill, on pouvait donc tirer 25000 dollars. Mais comme cette pierre avait percuté une voiture, sa propriétaire put en tirer le double. La vieille Chevrolet Malibu, elle aussi, est devenue une pièce de collection. Valant tout juste 300 dollars à l'argus avant l'accident, elle a été vendue aux enchères pour 9000 dollars...

Toujours au États-Unis, une météorite d'un poids estimé à 10 tonnes est entrée dans l'atmosphère dans la nuit du 26 au 27 mars 2003 vers minuit. Des habitants de l'Illinois, de l'Indiana, de l'Ohio et du Wisconsin ont déclaré avoir vu le ciel illuminé par un violent éclair «qui ne ressemblait pas à un orage ordinaire», avant que le météore n'explose dans l'atmosphère pour s'éparpiller dans une zone de 130 x 35 kilomètres, s'étendant depuis la banlieue sud de Chicago jusque dans le nord-ouest de l'Indiana. De très nombreux débris se sont abattus sur les maisons, les voitures, tandis que la police était assaillie de milliers d'appels. Un bloc de 2,5 kilos a traversé la toiture et le plafond d'une villa de Chicago pour finalement s'écraser dans le salon, pendant qu'ailleurs les habitants entendaient des dizaines de coups provoqués par la chute de minuscules débris de météorite sur leurs immeubles. Une centaine de blocs rocheux ont été apportés à la police, dont le plus gros pèse 4 kilos. Cette spectaculaire chute de météorite n'a fait cependant aucune victime.

La plus grosse trouvaille française est celle de Caille, un village des Alpes-Maritimes. Cette masse de fer de

625 kilos a servi de banc communal pendant deux siècles, avant d'être identifiée comme météorite en 1828.

La plus grosse trouvaille mondiale est celle d'Hoba, en Namibie. Elle pèse 66 tonnes et n'a jamais été déplacée de son site d'atterrissage, où elle fut découverte en 1920. C'est là une taille limite. Si elle avait été plus grosse, elle se serait probablement brisée en morceaux durant sa traversée atmosphérique.

3

Classification

Comment reconnaître une météorite d'une roche terrestre ? On peut d'abord l'approcher d'un aimant. Certaines météorites se trahissent aussitôt par une attraction marquée. Mais pas toutes.

On peut aussi se fier à cette fine pellicule noire, nommée *croûte de fusion*, qui témoigne de leur passage à travers l'atmosphère. Presque toutes les météorites pénètrent dans la stratosphère à une vitesse de l'ordre de 20 km/s, et leur enveloppe s'échauffe jusqu'à atteindre des milliers de degrés. La surface de la météorite fond, puis se vitrifie en refroidissant.

Enfin, de nombreuses météorites sont plus denses que les roches terrestres, car elles contiennent du fer et du nickel, matériaux très lourds. La densité moyenne des roches terrestres est de 2,7 g/cm^3, alors que la plupart des météorites ferreuses affichent une densité supérieure à 3,3 g/cm^3.

Ces trois critères – aimantation, croûte de fusion, densité – permettent d'effectuer un premier tri entre pierres célestes et caillasses terrestres. Ensuite, il faut briser la pierre pour continuer l'enquête. S'il s'agit d'une météorite, elle révélera une intimité gris clair. Mais le doute est souvent permis entre gris clair et gris foncé. En fin de compte, seule l'analyse chimique en laboratoire tranchera.

Le jeu des trois familles

Les météorites se divisent en trois classes principales, selon leur composition.

Les plus abondantes, les météorites *pierreuses*, sont formées de différents silicates, c'est-à-dire de cristaux dont la structure de base est un atome de silicium entouré de quatre atomes d'oxygène étroitement liés.

Les météorites ferreuses (ou *sidérites*) consistent en un alliage de fer et de nickel, contenant parfois quelques silicates et des sulfures. Elles attirent les aimants.

Les météorites ferro-pierreuses (ou *lithosidérites*) sont un mélange des deux types précédents.

Les météorites pierreuses constituent 92 % de toutes les météorites, les ferreuses 7 % et les ferro-pierreuses 1 %.

Les météorites pierreuses sont subdivisées en *chondrites* et en *achondrites*. Les chondrites contiennent de petites sphères de silicates qui ont été portées à haute température, les chondres. Toutes les météorites qui ne contiennent pas de tels globules sont des achondrites. Celles-ci présentent une gamme de compositions rocheuses, depuis les minéraux simples, par exemple de l'olivine (un silicate de fer et de magnésium qui doit son nom à sa couleur verte), jusqu'aux roches semblables à la lave basaltique (le basalte est une roche terrestre d'origine volcanique, qui résulte de la solidification rapide d'une masse fondue et dont la couleur varie du gris sombre au noir profond).

Si l'on broie une chondrite et que l'on approche un aimant de la poudre obtenue, on obtient deux tas inégaux. Le plus gros n'est pas magnétisé : sa composition est très proche de celle de la croûte terrestre, le *péridot*. Le second, nettement plus petit, est un mélange magnétique de fer et de nickel, tout comme le noyau de notre planète, et comme les météorites ferreuses. Au milieu du XIXe siècle, Édouard Roche, professeur d'astronomie à Montpellier, fut le premier à proposer un modèle de la Terre comportant un noyau dense, de constitution analogue à celle des météorites ferreuses, entouré d'une couche moins dense comparable aux aérolithes de nature pierreuse. Sa vision était juste : la Terre possède en effet un noyau en alliage de fer et de nickel entouré d'un manteau rocheux.

La Terre est donc en couches ce que la chondrite est en mélange. Logique, toutes deux proviennent du même matériau : le nuage de matière interstellaire qui s'est condensé en disque autour du Soleil en formation. Mais, tandis que la météorite conserve ses composants en amalgame, la Terre, par sa masse immense, les a décantés ; les plus lourds au centre et les plus légers en surface. Voilà donc pourquoi le nickel est si rare sur la Terre : elle l'a caché en son cœur.

Les chondrites sont encore subdivisées en fonction de leur composition chimique. Les *chondrites ordinaires* contiennent de petits grains de fer et de nickel broyés dans une matrice de silice et de chondres. Les *chondrites carbonées* renferment peu ou pas de métaux, mais leur haute teneur en carbone est le signe d'une altération chimique due à l'eau. Elles présentent une forte proportion d'éléments volatils et sont très oxydées, c'est-à-dire qu'elles contiennent des atomes d'oxygène qui se sont liés chimiquement à leurs propres molécules – l'oxygène adore se lier, c'est l'un des éléments les plus conviviaux de la création.

Le métallurgiste autrichien Alois von Widmanstätten (1754-1849) eut un jour l'idée d'attaquer à l'acide nitrique dilué la section polie d'une météorite tombée en 1751 en Croatie. Il encra les planches produites et tira des épreuves. Il vit alors apparaître pour la première fois des figures qui portent désormais son nom. Il s'agit d'une disposition géométrique régulière des cristaux, structure qui résulte du lent refroidissement ayant suivi la brève mais intense période de chauffage qu'a connue la matière météoritique lors de sa formation.

Il faut s'armer de patience pour faire surgir les figures de Widmanstätten, enfouies dans les replis de la matière comme un bigorneau dans sa coquille. On tranche d'abord la météorite en deux. Il faut bien sûr que sa taille le permette, ne vous échinez pas sur un grain de riz. La surface lisse ainsi créée doit être soigneusement polie, car elle va être confrontée à un acide des plus corrosifs: acide picrique ou trinitrophénol dilué. Laissez-la mijoter plusieurs jours. C'est là que le miracle se produit. L'acide attaque sur tous les fronts, mais il n'est pas identiquement repoussé selon qu'il rencontre du nickel ou du fer. Des reliefs se forment. Retirez la pierre et lavez-la afin d'éliminer les croûtes et les traces de corrosion. Il ne reste plus qu'à la polir une nouvelle fois pour découvrir ce que tout ce tumulte a produit: une incroyable architecture spontanée, un entrelacs de dentellière. Parfois, les angles sont nets, tous les motifs sont construits de segments et polygones qui s'entremêlent, c'est la version cubiste de cette géométrie autonome. D'autres fois, des pastilles aux contours flous se disputent la vedette en s'adossant les unes aux autres, c'est la version tachiste. Vous avez devant vous une authentique œuvre d'art, les seuls dessins que l'homme connaisse qui ne soient pas terrestres.

Le fer céleste

Une dague de fer inoxydable a été découverte dans la tombe de Toutankhamon, célèbre pharaon du XIVe siècle av. J.-C. Les analyses chimiques montrent que les impuretés de la lame sont essentiellement composées de nickel, ce qui signe son origine météoritique. Or le fer des météorites est natif (présent à l'état pur), donc inaltérable, tandis que le fer terrestre est toujours oxydé (combiné à l'oxygène), et finit par rouiller.

Ce type de fer fut également utilisé en Chine et aux Indes, où un couteau censé posséder des pouvoirs magiques fut forgé à partir d'une météorite tombée en 1621.

L'âge de fer a succédé à l'âge de bronze vers l'an 1100 av. J.-C. Les Hittites semblent avoir été les premiers à façonner des artefacts ferreux. Chez les Inuits du nord-ouest du Groenland, l'âge de fer aurait commencé grâce à la chute d'une grosse météorite ferreuse. Les Inuits disposaient en effet de lames de couteau et de pointes de harpon en fer, alors qu'il n'en existe aucun gisement à des milliers de kilomètres à la ronde. En 1894, un guide inuit conduisit un groupe d'explorateurs polaires dirigés par Robert Peary sur le site de chute de la météorite, au cap York. La pierre s'était fragmentée en trois morceaux pesant respectivement 34 tonnes, 3 tonnes et 500 kilos. Ils furent péniblement transportés sur des navires après la construction d'une ligne de chemin de fer spéciale, et vendus au Muséum d'histoire naturelle de New York. Bien entendu, les Inuits n'empochèrent rien de la recette. Quinze ans plus tard, Peary fut le premier homme à atteindre le pôle Nord.

De nos jours, on utilise encore des météorites pour confectionner des objets courants, des coupe-papier ou des fonds de montre comme ceux fabriqués par certaines sociétés suisses et américaines. Les montres dont le cadran est réalisé dans de la météorite « Gibeon » sont vendues 1 500 euros. Pour un couteau, il faut compter 600 euros. La météorite Gibeon, tombée en Namibie en 1836, a donné une pluie de plusieurs dizaines de tonnes. Le propriétaire du lieu, conscient de la valeur de ces morceaux de ferraille cosmique, exploite son champ de météorites comme d'autres exploitent leur champ de pommes de terre.

Filles des astres

On a déjà dit que la plupart des météorites sont des fragments d'astéroïdes, ces petites planètes qui circulent entre Mars et Jupiter. L'énorme attraction de cette dernière perturbe la tranquillité des astéroïdes, décalant certains vers des orbites plus excentriques. Ces changements de trajectoire entraînent des collisions qui se produisent à une vitesse suffisante pour causer une fragmentation partielle. Des morceaux plus ou moins gros sont alors éjectés vers des orbites susceptibles de croiser celle de la Terre.

C'est, par exemple, une collision du gros astéroïde Vesta avec un autre corps qui aurait engendré toute une série de météorites qui sont tombées sur Terre. Vesta a été étudié récemment par le télescope spatial Hubble. Il présente un gigantesque cratère d'impact, dont la profondeur met à nu les couches souterraines normalement enfouies sous la croûte. Selon les calculs des astronomes, le volume de matière arraché par cet impact équivaut à 1 % du volume total de Vesta.

Le lien entre météorites et astéroïdes est établi grâce à la connaissance de leurs éléments orbitaux, de leur spectre de réflectivité et de leur temps d'irradiation aux rayons cosmiques.

Pour quelques météorites, l'orbite a pu être reconstituée parce que leur entrée dans l'atmosphère a été photographiée en plusieurs points. Dans tous les cas, le point d'origine de chaque orbite se situait en plein dans la ceinture d'astéroïdes.

Il existe d'autres indices forts en faveur de leur lien de parenté. On appelle *albédo* le pourcentage de la lumière incidente qui est renvoyée par la surface d'un corps. Compris entre 0 (corps parfaitement absorbant) et 1 (corps parfaitement réfléchissant), il caractérise dans une certaine mesure la nature physique de la surface. Des informations plus fines sont données par le *spectre de réflectivité,* qui mesure l'albédo dans chaque bande de longueur d'onde. Le spectre de réflectivité des météorites concorde parfaitement avec celui d'un certain nombre d'astéroïdes – un autre fort indice en faveur de leur lien de parenté.

Impactites

La Kaaba – littéralement : cube – est une construction de forme cubique à La Mecque, vers laquelle les musulmans se tournent pour prier cinq fois par jour. La Pierre noire dénommée *Al-Hajar al-Aswad,* scellée dans l'angle nord-est de la Kaaba, est le trésor le plus sacré de l'islam. La tradition veut que la pierre ait été « envoyée par le ciel ». Selon certains récits, elle aurait été apportée par l'ange Gabriel à Abraham. La pierre est censée flotter sur l'eau (elle serait donc moins dense que 1 g/cm^3) et présente de petites inclusions de cristal. Au fil des vicissitudes de l'histoire, elle a été brisée en quinze fragments, pour finir enchâssée dans une monture d'argent et scellée dans le ciment. La surface aujourd'hui exposée à la vue et au toucher des seuls musulmans mesure environ 16 centimètres sur 20. Elle est généralement considérée comme une météorite, mais il est évidemment impossible de la soumettre à un examen scientifique. Ce ne peut être une météorite ordinaire en raison de ses fractures et de sa faible densité. Certains chercheurs pensent qu'il s'agit d'une « impactite », c'est-à-dire d'une roche terrestre fusionnée et mélangée à de la matière météoritique à la suite d'un impact. Cette impactite pourrait provenir du cratère de Wabar, en Arabie Saoudite, situé à 1000 kilomètres de La Mecque. L'impactite de Wabar est en effet poreuse, donc moins dense que l'eau, et possède des inclusions de verre blanc et de sable.

Rochechouart, petite commune de 4000 habitants dans le département de la Haute-Vienne, à 40 kilomètres à l'ouest de Limoges, est située au bord d'un important cratère d'impact d'une vingtaine de kilomètres de diamètre, aujourd'hui très effacé par l'érosion. L'impact de Rochechouart remonte à 200 millions d'années, époque où l'Atlantique n'avait pas encore commencé à s'ouvrir. Comme pour toutes les météorites de grande taille, sous l'effet de l'impact, il y a eu sublimation. Aucun fragment de la météorite n'a subsisté, les vapeurs se sont condensées et ont donné de très fines particules métalliques qui sont retombées au fond du cratère. Les roches du socle ont été en partie fondues et vaporisées. Tout autour, le socle cristallin a volé en éclats et poussières, qui sont retombés et se sont agglomérés en *brèches*, ainsi qu'on appelle les conglomérats formés d'éléments anguleux qui résultent de leur brisure.

Les brèches de Rochechouart ont servi à construire l'église, le château et des maisons – à une époque où l'on ne se doutait guère de leur origine. La plus ancienne construction qui utilise ce matériau né de la rencontre du ciel et de la terre est le site des thermes gallo-romains de Chassenon, édifice daté du Ier siècle ap. J.-C. Aujourd'hui, on peut encore ramasser des brèches dans quelques carrières des environs.

Et les étoiles filantes ?

Les belles mais fugitives étoiles filantes sont des grains cométaires microscopiques qui, en pénétrant dans l'atmosphère, s'échauffent par frottement. Leur température monte à 3000 °C, et elles se consument dans la haute atmosphère, à 80 kilomètres d'altitude, créant ces traînées lumineuses qui ne durent souvent qu'une fraction de seconde. En fait, ce n'est pas la combustion du grain porté à blanc que l'on voit à si grande distance, mais la traînée d'ionisation qu'il laisse dans l'atmosphère.

Les étoiles filantes sont donc la version miniaturisée et anodine des météores, le « bonsaï » du bolide. Leur taille ne dépasse pas quelques millimètres. Ce sont des silicates, analogues à des grains de sable. La luminosité des grains est fonction de leur masse. À la vitesse typique de 70 km/s, un grain de seulement 3 millimètres présente une luminosité égale à celle d'une étoile de première grandeur comme Sirius, mais pour un grain caractéristique de 0,3 millimètre, l'intensité est tout juste visible à l'œil nu.

Lorsque, par une nuit quelconque, vous observez une étoile filante, il s'agit d'un météore sporadique. Par ciel dégagé, on peut en voir quelques-uns par heure, en principe davantage après minuit qu'avant, et davantage en automne qu'au printemps (pour l'hémisphère Nord).

Si de nombreux météores apparaissent la même nuit et semblent provenir du même endroit du ciel, il s'agit d'une pluie d'étoiles filantes. On voit alors dix, voire cinquante météores et plus par heure, dans un ciel sombre sans Lune et loin des lumières des villes.

Cet essaim de météores résulte du passage annuel de la Terre dans la traînée de poussières laissée par une comète. En effet, dans sa course folle, l'astre vagabond véhicule et éjecte autour de lui une grande quantité de matière, allant de la poussière au caillou. Une traînée composée de myriades de particules jalonne sa trajectoire elliptique dans le vide interplanétaire. Ces sillages remplis de grains s'étendent sur des centaines de millions de kilomètres pour quelques dizaines de milliers de kilomètres de largeur, ce qui leur confère une forme de tube incurvé.

Les poussières flottent dans ce tube, obscures, et la Terre, en les frictionnant de son atmosphère, les enflamme. Dans un certain sens, c'est plutôt la Terre qui tombe sur elles qu'elles sur nous. Si ce n'est, bien sûr, que notre planète, en croisant un tube, agit comme un aspirateur gravitationnel et engloutit ce qui traîne à la ronde.

Une vingtaine de tubes de poussières laissées par les comètes sont traversés chaque année, à des périodes bien précises, par la Terre en mouvement sur son orbite. Notre planète prend alors une douche d'étoiles filantes.

Lorsque les particules sont fraîches, c'est-à-dire peu après le passage de la comète et avant qu'elles ne soient dispersées par l'action gravitationnelle des astres environnants, le passage de notre planète dans ce tube donne lieu aux plus belles averses. On peut voir jusqu'à cent météores à l'heure, et beaucoup plus encore lors de certaines années exceptionnelles (les grands crus), où l'événement prend l'allure d'une véritable tempête.

Les grosses pluies annuelles d'étoiles filantes portent le nom de la constellation dans laquelle est situé leur *radiant*, c'est-à-dire la direction d'où elles semblent toutes provenir. Les plus facilement observables sont les Perséides au mois d'août, et les Léonides en novembre.

Choisissez la bonne nuit pour faire un vœu

Nom de l'essaim	Date	Nombre approximatif de météores à l'heure
Quadrantides	3-4 janvier	90
Lyrides	21 avril	15
η Aquarides	4-5 mai	30
δ Aquarides	28-29 juillet	25
Perséides	11-12 août	80
Orionides	21 octobre	20
Léonides	17 novembre	5 à 100000
Géminides	13 décembre	100

Dans la nuit du 12 au 13 novembre 1833, le continent nord-américain essuya le feu du ciel. Ce fut la plus belle pluie de Léonides de l'histoire moderne. Cinquante ans plus tard, l'écrivain Agnes Clerke la décrivit ainsi : « Une tempête d'étoiles filantes éclata sur la Terre. Le ciel était marqué dans toutes les directions de traces brillantes et illuminé par de majestueux bolides. À Boston, on estima que la fréquence des météores équivalait à la moitié des flocons tombant lors d'une tempête de neige. Leur nombre était bien supérieur à ce que l'on pouvait compter. Mais quand le phénomène s'affaiblit, on tenta un comptage à partir duquel il fut calculé que 240 000 étoiles filantes avaient dû être visibles. »

Les témoignages directs font état de scènes de panique, et certains historiens pensent que ce phénomène contribua au renouveau religieux qui toucha les États-Unis dans les années 1830. Le côté positif de l'événement fut qu'il suscita les premières véritables recherches scientifiques dans le domaine. Denison Olmsted, professeur à l'université de Yale, tira de ses observations que les étoiles filantes provenaient de l'espace, suivaient une trajectoire parallèle et se consumaient en entrant dans l'atmosphère. Il supposa que les météores faisaient partie d'un corps nébuleux tournant autour du Soleil (sans faire le lien avec une comète toutefois), et que la pluie à laquelle il avait assisté était due au passage de la Terre au sein de ce nuage. Ce qui était exact à 100 %.

Trente ans plus tard, Hubert Newton, un autre professeur de Yale, qui subodorait une périodicité dans ce phénomène, rechercha dans les chroniques astronomiques européennes, arabes et chinoises des allusions aux « météores de novembre ». Il trouva treize mentions des Léonides, de l'an 902 à 1833. Newton en déduisit une périodicité de trente-trois ans un quart pour la comète, et prédit une grande nuit des Léonides pour novembre 1866, année du passage suivant. Sa prédiction fut vérifiée.

Chez les Indiens pawnees, on raconte l'histoire d'un personnage nommé Pahokatawa qui aurait été tué par l'ennemi, dévoré par les animaux puis ressuscité par les dieux. Venu sur Terre sous la forme d'un météore, il aurait enseigné aux Indiens que, lorsque les météores pleuvent en grand nombre, ce n'est pas un signe de fin du monde. En novembre 1833, quand les Pawnees assistèrent à l'averse d'étoiles filantes des Léonides, il y eut un début de panique. Alors le chef de la tribu prit la parole et dit : « Souvenez-vous des mots de Pahokatawa », et la peur s'envola de son peuple.

Dans la nuit du 17 novembre 1966, un étudiant du Kansas est réveillé par la sonnerie du téléphone. Sa grand-mère, une bigote, veut absolument lui parler. Mais loin de lui annoncer un malheur familial, comme il le craignait, elle lui intime l'ordre de s'agenouiller et de prier : les étoiles sont en train de tomber du ciel, dit-elle, et la fin du monde est arrivée. Le jeune homme lui répond tranquillement de retourner se coucher, car ce n'est qu'une pluie d'étoiles filantes qui survient tous les ans à la même époque. « Grand-mère, je t'assure, la fin du monde n'est pas pour cette nuit. » Malgré tout, par acquit de conscience, l'étudiant sort du dortoir pour regarder le ciel. Il aperçoit bien quelques étoiles filantes, mais comme la nuit est froide, il retourne se coucher.

Sans le savoir, il a manqué un spectacle de toute beauté : l'averse de Léonides de 1966 a atteint le taux record de 150 000 météorites à l'heure, avec un feu d'artifice de cent fusées par seconde au cours du maximum !

Tous les ans, aux alentours du 17 novembre, se produit la nuit des Léonides, du nom de ces étoiles filantes qui semblent jaillir de la constellation du Lion. Relativement modestes par rapport aux Perséides d'août, les Léonides fournissent quand même quelques belles zébrures brillantes dans le ciel. Mais sous certaines conditions, cet essaim de météores peut se transformer en une tempête d'étoiles filantes. Ce fut le cas en 1966. Lancées à plus de 70 km/s, des centaines de milliers de particules se sont consumées dans l'atmosphère en une fontaine de flammèches et d'éclairs.

L'astre vagabond auquel les Léonides sont associées est la comète Tempel-Tuttle, nommée en hommage à ses deux découvreurs, Ernst Tempel et Horace Tuttle. Le premier la détecta le 19 décembre 1865, le second un peu plus tard, le 6 janvier 1866. Cette même année, l'Italien Giovanni Schiaparelli démontrait que l'orbite de cette comète était quasiment identique à celle qu'occupent les particules provoquant l'essaim des Léonides, faisant pour la première fois le lien qui manquait.

Comme l'avait prédit Hubert Newton, les grosses tempêtes de météores se produisent tous les trente-trois ou trente-quatre ans, juste après le passage de la comète près du Soleil. Car si la Terre croise chaque année au même moment le tube de la comète, la comète, elle, se déplace à son propre rythme dans ce tube, en l'occurrence trente-trois ans un quart. Les prévisions sur l'intensité des Léonides doivent être prises avec beaucoup de précautions. Dans le passé, les pics calculés pour 1899 et 1933 n'ont pas été observés. On suppose que cette inconstance est due au fait que la distribution de particules entourant la comète est loin d'être uniforme en densité.

Tempête de sable

Si les êtres vivants sont bien protégés des averses cosmiques par les couches de l'atmosphère, il n'en va pas de même des satellites en orbite, qu'il s'agisse des satellites de télécommunications et de télévision ou des satellites d'observation de la Terre et de météorologie, en passant par les plates-formes militaires et les observatoires scientifiques. Ceux-ci prennent les projectiles de plein fouet, et pour leurs propriétaires ce ne sont pas les étoiles qui filent, mais les dollars !

L'Agence spatiale européenne a mesuré, en mars 1986, les effets de ces particules véloces sur la structure d'un de ses engins. Tandis que la sonde Giotto plongeait dans la tête gazeuse de la comète de Halley pour en étudier le noyau et le photographier, une poussière de la taille d'un grain de riz a percuté l'engin à 68 km/s. Le choc fut l'équivalent de l'explosion d'une grenade. Giotto survécut malgré tout et, grâce à la dextérité des équipes de contrôle, put être réutilisée six ans plus tard pour saluer le passage d'une autre comète.

En août 1993, c'est probablement un grain de poussière de la comète Swift-Tuttle qui a eu raison du satellite de télécommunications européen Olympus. Bien qu'il fût resté intact après le choc, il fallut dépenser tant de carburant pour le maintenir à son poste qu'il devint vite inexploitable.

Depuis, les responsables de programmes spatiaux ont appris à prendre des précautions pour minimiser l'impact des tempêtes de poussières. Lors de la pluie des Léonides de 1998, pendant la phase estimée dangereuse, l'Agence spatiale européenne a mis hors tension ses satellites ERS-1 et ERS-2. Le satellite d'observation du Soleil, Soho, a été réorienté de façon à protéger ses équipements vitaux et à n'offrir qu'une faible surface à la pluie. Les Américains ont modifié la position du télescope spatial Hubble afin qu'il tourne le dos aux météores et protège ainsi l'optique de son miroir.

Microméteorites

La stratosphère constitue un rideau meurtrier pour les intrus, mais qui n'est pas capable pour autant de flamber tout ce qui passe. C'est une question de masses et de vitesses en jeu. Les grosses météorides traversent l'écran et peuvent nous tomber sur la tête. Les plus petites survivent également et atteignent le sol tout doucement. On les appelle *micrométéorites*. Ce sont des particules de taille inférieure au dixième de millimètre provenant d'astéroïdes et de comètes. Elles sont si minuscules qu'elles ne créent pas suffisamment de friction pour brûler dans l'atmosphère, et elles pleuvent lentement. Quand vous passez l'aspirateur dans votre grenier, vous faites disparaître au fond du sac des centaines de micrométéorites. Il est même possible qu'à l'instant précis où vous lisez ces lignes, quelques-uns de ces grains de poussières spatiales soient piégés dans vos cheveux.

Les micrométéorites se trouvent en prodigieuses quantités dans les sédiments marins profonds et dans les couches de glace du Groenland et de l'Antarctique. Les plus abondantes sont de petites sphères cosmiques composées de nickel, qui ont été cristallisées et oxydées pendant leur entrée atmosphérique. En étudiant les rapports isotopiques de l'oxygène qu'elles contiennent, on peut ainsi être renseigné sur la teneur en oxygène dans l'atmosphère supérieure.

Dans les déserts de glace, la technique de collecte des micrométéorites consiste, dans son principe, à faire fondre un échantillon de glace pour récupérer les poussières cosmiques. Au Groenland, où le processus a initialement été testé, il faut séparer les milliers de micrométéorites des algues microscopiques auxquelles elles sont mélangées. En Antarctique, la glace n'est pas contaminée et les micrométéorites sont mieux conservées. En janvier 2000, une campagne de collecte à la station antarctique Concordia a raflé quelques centaines de grains en prélevant 13 m^3 de neige.

La Nasa, de son côté, recueille les micrométéorites dans la stratosphère. Un avion espion a été équipé de capteurs enduits d'huile de silicone où se collent des micrométéorites d'environ 20 micromètres. Mieux, le ramassage de grains cométaires peut se faire hors atmosphère, afin d'éviter une trop grande altération des grains due à la friction avec les molécules d'air. Une équipe de l'Institut d'astrophysique spatiale d'Orsay a utilisé à plusieurs reprises la station orbitale russe Mir. Des boîtiers collecteurs sont installés sur une poutre à l'extérieur du véhicule, et ouverts pendant les périodes où la Terre traverse des essaims météoritiques. Des aérogels spécifiques ont été mis au point pour que les grains s'y déposent en douceur, sans être disloqués ou chimiquement altérés par l'énergie de l'impact. Un aérogel est une sorte de mousse formée de bulles extrêmement fines qui font office d'amortisseur. Lorsqu'une particule le percute, elle est freinée rapidement sans être détruite, puis reste prisonnière.

À la fin d'une période d'observation, les boîtiers sont récupérés et redescendus sur Terre, où l'on procède à l'analyse des impacts et des résidus de grains. Cette expérience a été réalisée sur la station Mir en 1995 pour récolter un peu du miel de l'essaim des Orionides, lié à la comète de Halley. Les boîtiers ont été réinstallés en novembre 1998 et ouverts pendant la traversée de l'essaim des Léonides.

PARTIE II

L'ORIGINE DU MONDE ET DE LA VIE

Les météorites nous apportent un témoignage direct sur l'enfance du Système solaire et nous permettent de dater notre planète. Mais leur rôle pourrait bien être plus capital encore pour l'évolution du vivant : elles ont ensemencé la Terre primitive en molécules organiques.

1

Un petit rien du grand Tout

« La station polaire du cap Morris (côte nord du Groenland) annonce qu'un aérolithe a dû tomber dans l'océan Arctique. Des pêcheurs de phoques ont vu une boule de feu traverser le ciel et disparaître à l'horizon. Quelques secondes plus tard, la terre tremblait et la banquise se disloquait. »

Nous sommes dans un album de Tintin, *L'Étoile mystérieuse*, publié en 1942. Le jeune reporter rend visite au professeur Hippolyte Calys qui a photographié la météorite avant sa chute et découvert, en analysant sa lumière, la signature d'un métal inconnu, qu'il baptise calystène. Après moult péripéties, Tintin parvient à s'emparer d'un échantillon de l'aérolithe juste avant que celui-ci ne sombre définitivement dans les flots. L'analyse confirmera la présence du nouveau métal.

En 1901, Jules Verne a écrit un roman intitulé *La Chasse au météore*, dans lequel deux astronomes amateurs observent simultanément et indépendamment un bolide qui traverse le ciel. L'analyse spectrale permet de révéler la nature de l'objet céleste: il est constitué d'or pur ! Un savant fou, Zéphyrin Xirdal, déroute le bolide au moyen d'un corps puissamment radioactif, le xirdalium, pour le faire tomber sur un terrain qu'il a acheté à cet effet au Groenland. L'aérolithe tombe sur la pointe nord-ouest de l'île, mais le sol cède bientôt sous son poids et le trésor s'abîme dans la mer, mettant fin à la rivalité entre ses découvreurs...

Si des traces d'or peuvent effectivement se trouver dans certaines météorites (sans toutefois les composer en totalité), le métal inconnu découvert par le professeur Calys dans l'aérolithe de *L'Étoile mystérieuse* ne peut être détecté dans aucune. À l'époque où Hergé écrivit l'album, tous les éléments chimiques stables étaient déjà connus. Le tableau de Mendeleïev classe les éléments chimiques d'après le nombre de protons dans leur noyau. Depuis 1, l'hydrogène, jusque 94, le plutonium, toutes les cases sont prises (au-delà, les atomes que l'on peut produire artificiellement se désintègrent). Cela ne signifie pas que désormais l'Univers n'a plus de mystères (l'astrophysique moderne nous apprend au contraire que l'Univers est essentiellement constitué de matière non atomique), mais en tout cas il n'a plus de métaux inconnus. Dans la Lune, le Soleil, Saturne ou même une galaxie lointaine, toutes choses y sont composées des mêmes atomes que sur Terre. Les météorites le montrent, la physique l'assure. En termes de composants chimiques, notre petit monde est une image fidèle du grand Tout.

2

Dater l'Univers

La formation de la Terre comme au cinéma

Aux yeux du néophyte, les météorites ressemblent à d'ennuyeux cailloux. Pourtant, à part les quelques kilos de pierres rapportées par les missions sur la Lune (Apollo et Luna), ce sont les seules roches qui ne soient pas terrestres. Sondées au microscope, elles permettent de reconstituer l'histoire du Système solaire, longue de 4,5 milliards d'années.

Les météorites les plus primitives sont celles qui présentent des chondres, globules d'environ 1 millimètre de diamètre. Les chondres ont été formés par fusion des grains de poussières de la nébuleuse solaire, fusion suivie d'un refroidissement brutal. Cet épisode se situe il y a 4,566 milliards d'années, lorsque le nuage de poussières et de gaz qui allait former le système solaire s'est effondré brusquement, dans une grande élévation de pression et de température. Plus tard, la coagulation des grains refroidis a formé des grêlons, qui se sont de même amalgamés par collisions. Après 8 millions d'années sont apparus des embryons planétaires, les planétésimales, capables de collecter davantage de matière par l'attraction due à leur masse, et, 100 millions d'années plus tard, les planètes avaient atteint leur taille définitive.

Les chondrites, peu modifiées depuis leur formation, gardent la mémoire des conditions qui régnaient aux premiers instants de la formation du Système solaire. En comparant la composition chimique des chondrites à celle du Soleil, on constate en effet que la répartition des éléments est identique, à l'exception des gaz volatils. Avec les chondrites, les chercheurs ont donc en main des échantillons de la nébuleuse qui a formé le Soleil et les planètes. Ils observent littéralement le placenta dont nous sommes nés.

Chue le 14 mai 1864 à Orgueil (Tarn-et-Garonne), cette chondrite carbonée, dont la masse totale était de 11 350 grammes, se composait d'une matière si friable qu'il n'en reste plus que de très petits fragments pulvérulents.

On ne connaît que quatre autres météorites de ce type au monde, celle-ci étant de loin la plus massive. C'est un « morceau dégazé de Soleil », une louche d'étoile qui sert de référence mondiale pour définir la composition isotopique du Système solaire.

Horloges radioactives

La matière ordinaire est constituée d'atomes de différents éléments, classés dans le tableau de Mendeleïev. Chaque élément est représenté par un symbole, par exemple C pour le carbone ou Mg pour le magnésium, et associé à un nombre caractéristique : le *numéro atomique*. Celui-ci compte le nombre de protons. Le proton est une particule constitutive du noyau atomique, qui porte une charge électrique de signe positif. Un atome est électriquement neutre dans son état normal, c'est-à-dire qu'il possède autant d'électrons, chargés négativement, que de protons positifs. En somme, les électrons enrobent le noyau d'un nuage neutralisant.

Le noyau atomique, en plus des protons, contient aussi des neutrons. Ce sont des particules élémentaires très semblables aux protons, de masse quasiment identique, mais qui ne portent aucune charge électrique. Le *nombre de masse* fait la somme du nombre de neutrons et de protons, et renseigne donc sur la masse totale du noyau d'un élément. Quand on dit carbone 14 ou uranium 238, c'est le nombre de masse qui est spécifié, leurs numéros atomiques étant respectivement 6 et 92.

Pour un élément donné, le numéro atomique est fixé, mais son nombre de masse peut varier. On a alors affaire à des isotopes de l'élément. Par exemple, l'élément le plus simple, le plus léger et le plus abondant de l'Univers, l'hydrogène (dont le noyau se réduit à 1 proton), possède deux isotopes beaucoup plus rares : le deutérium (1 proton, 1 neutron) et le tritium (1 proton, 2 neutrons). De même, l'atome de carbone, qui possède normalement 6 protons et 6 neutrons et que l'on note donc carbone 12, présente deux isotopes, le carbone 13 (6 protons, 7 neutrons) et le carbone 14 (6 protons, 8 neutrons).

Les isotopes d'un même élément présentent les mêmes propriétés chimiques, mais ils diffèrent par leurs propriétés physiques. En effet, les propriétés chimiques – la façon dont un atome réagit avec d'autres – dépendent de la couche périphérique de l'atome, c'est-à-dire des électrons, dont le nombre est identique pour tous les isotopes d'un même élément. En revanche, le nombre de neutrons conditionne la stabilité d'un isotope. Car, et c'est là le point clé, un isotope dont le noyau comporte un trop grand nombre de neutrons a tendance à s'en défaire d'une façon ou d'une autre.

Certains isotopes sont donc instables, et se transforment plus ou moins vite en des atomes différents. Tel est le cas du carbone 14 déjà cité : tôt ou tard, un des neutrons de son noyau décide de vivre une vie plus positive et se transforme en proton. On passe ainsi d'un noyau à 6 protons et 8 neutrons à un noyau à 7 protons et 7 neutrons, bref à l'azote 14, qui est stable. Le nombre de masse est resté le même, mais pas le numéro atomique : l'atome de carbone est devenu un atome d'azote.

Si un isotope est instable, il est qualifié de radioactif. Un isotope radioactif se désintègre à taux constant, quel que soit l'environnement dans lequel il se trouve. Ce taux de désintégration est exprimé par sa demi-vie, c'est-à-dire le temps nécessaire pour qu'une quantité quelconque de l'isotope soit divisée par deux. La demi-vie du carbone 14 est de 5568 ans. Au bout de cette période, n'importe quelle quantité de carbone 14 s'est réduite de moitié (l'autre moitié étant devenue de l'azote 14). L'élément radioactif le plus connu du public, et le plus décrié à cause des risques associés à l'industrie nucléaire, est l'uranium. Son isotope 238 prend 4,468 milliards d'années pour transformer la moitié de ses atomes en plomb 206. Des neutrons et des protons sont éjectés du noyau, ce qui peut provoquer quelques dégâts, et l'on passe d'un élément chimique à l'autre.

Malgré sa mauvaise réputation, la radioactivité est bien intéressante car elle permet la datation absolue de certains corps. Les scientifiques peuvent en effet mesurer la proportion entre les isotopes parents et les isotopes fils dans un échantillon; connaissant la demi-vie du parent, ils peuvent calculer l'âge de l'échantillon. La méthode la plus célèbre en ce domaine est la datation des restes organiques au moyen du carbone 14. En mesurant la quantité de carbone 14, on déduit l'âge de l'échantillon. Pour que l'analyse soit valable, il faut que le carbone 14 qui se désintègre n'ait pas été renouvelé. Les atomes de carbone 14 se forment en permanence dans la haute atmosphère. Chaque être vivant en assimile, et la quantité de carbone 14 qu'il contient reste constante. À la mort de l'organisme, l'assimilation du carbone 14 cesse et celui-ci commence à décroître. Moins il en reste, plus la mort de l'organisme est ancienne. La datation au carbone 14 du bois prélevé dans des tombes égyptiennes confirme très précisément le verdict des historiens, à savoir 4500 ans. Mais celle des fibres végétales du saint suaire de Turin, réputé avoir recueilli le corps de Jésus à sa descente de croix, a démontré qu'il s'agit d'un faux datant du Moyen Âge...

Le carbone 14 permet de dater des objets dont l'âge est inférieur à 50 000 ans. Au-delà, les quantités qui restent de l'isotope évanescent sont trop petites pour être mesurables. En outre, il ne convient que pour les matières organiques. Pour dater des roches ou des météorites, il faut faire appel à d'autres horloges radioactives, de très longue période. On utilise par exemple le couple uranium 238-plomb 206, le couple potassium 40-argon 40 ou, mieux encore, le rubidium 87 qui requiert le temps prodigieusement long de 48,8 milliards d'années pour se transformer à moitié en strontium 87. Avec pareille horloge, il est possible de dater les plus vieux objets de l'Univers, des étoiles naines âgées de 13 milliards d'années.

Pour qui sait les lire, les atomes radioactifs sont d'authentiques horloges. Le dosage des deux éléments d'un couple de désintégration permet de savoir à quand remonte le démarrage de l'horloge. Pour une roche, le *moment zéro* correspond à sa naissance, si on décide d'appeler ainsi le moment où elle s'est solidifiée. En effet, avant de devenir caillou, la roche est tout d'abord un matériau fondu. Dans ce magma, le potassium radioactif se désintègre en argon et celui-ci, gazeux de son état, s'échappe au fur et à mesure de sa production. Puis, un beau jour, le matériau se refroidit, durcit et devient roche. Dès ce moment, l'argon issu du potassium reste prisonnier et s'accumule à taux constant. Il suffit alors de mesurer la proportion argon-potassium pour déterminer l'âge de solidification.

Ce type de datation radioactive a ainsi révélé que la plupart des météorites ont un âge comparable à celui du système solaire: 4,5 milliards d'années.

Le choc Allende

Le 8 février 1969, peu après minuit, une lueur troue l'obscurité au-dessus de Pueblito de Allende, au nord du Mexique. Réveillés par une série de détonations, les villageois voient un objet brillant traverser le ciel et se briser en deux, chaque moitié éclatant encore et projetant de toutes parts des jets lumineux. «Un accident d'avion», pensent les spectateurs, ou un satellite qui s'enflamme en touchant l'atmosphère terrestre. Aucun engin humain, pourtant, n'est responsable de ce feu d'artifice: c'est un énorme rocher qui vient d'exploser en plein ciel.

La météoride d'Allende, qui pesait une trentaine de tonnes, se pulvérise en des milliers de fragments tombant en pluie sur une surface de 450 km^2. La nouvelle de la chute se répand vite. En quelques jours, géologues, collectionneurs de météorites et chercheurs spécialisés accourent du monde entier pour récolter les débris extraterrestres.

Ils sont dispersés dans une zone elliptique de 50 kilomètres de long sur 10 de large, sur un grand axe parallèle au trajet de la météoride. Quand on y réfléchit, c'est très facile à comprendre: si la pierre tombait à la verticale, ses débris, projetés en tous sens, s'éparpilleraient dans une aire circulaire; mais le bolide traverse l'atmosphère selon une trajectoire oblique; or, un cercle projeté par un plan oblique donne bien une ellipse...

Les fragments les plus petits, formant une sorte de gravier météoritique, sont retrouvés à l'entrée de l'ellipse, et le plus gros, pesant 20 kilos, à l'autre extrémité; entre les deux, la taille des morceaux va en croissant de façon régulière. C'est un vrai cas d'école du *champ de dispersion,* ainsi qu'on appelle la distribution naturelle au sol de débris issus d'une explosion en altitude. L'accroissement progressif de la taille des fragments le long du champ de dispersion s'explique par le fait qu'une petite pierre rencontre plus de résistance à l'air, et tombe donc plus tôt qu'une pierre plus grosse.

3000 kilos de fragments d'Allende sont recueillis. Ils sont très faciles à localiser. Beaucoup présentent ces couches dures, sombres et brillantes qui caractérisent les croûtes de fusion. Dessous, la pierre est grise, constituée d'innombrables grains minéraux, parsemée de chondres et d'inclusions blanches.

Allende ne peut pas mieux tomber pour les scientifiques. Non seulement elle appartient à une classe rare de météorites – les chondrites carbonées, dont les constituants ont relativement peu changé depuis la création du Système solaire –, mais sa masse imposante fournit une généreuse quantité d'échantillons pour diverses analyses chimiques, isotopiques et microscopiques. Allende est aussi recueillie très rapidement après sa chute, et échappe donc aux contaminations terrestres et aux dégradations climatiques. Par-dessus tout, elle arrive précisément au moment où de nombreux laboratoires inaugurent de nouvelles techniques d'analyse en prévision de la mission lunaire Apollo, qui doit ramener des échantillons de notre satellite en juillet 1969. En attendant de décrocher la Lune, quelle meilleure mise en appétit, pour ces nouveaux appareillages, que de se mettre sous la dent une craquante météorite ?

Parmi les savants qui accourent dans la vallée d'Allende se trouve le géologue Gerald Wasserburg, directeur d'un laboratoire d'études des roches lunaires et météoritiques à l'Institut de technologie de Californie. Après une étude exhaustive d'échantillons, Wasserburg et ses collègues trouvent dans certaines inclusions blanches des concentrations anormalement élevées de l'isotope magnésium 26, qui n'a pas la même origine que le reste de la météorite. Or, le père du magnésium 26 est l'aluminium 26, un élément radioactif produit et éjecté dans l'espace lors de l'explosion d'étoiles géantes, dites *supernovae*. L'équipe de Wasserburg suggère donc que la source de l'aluminium 26 incrusté dans Allende est une supernova qui aurait explosé avant même la formation du Système solaire. Plus fort encore : elle estime que c'est l'onde de choc de cette explosion qui a déclenché la condensation de la nébuleuse gazeuse et la naissance du Système solaire lui-même.

Allende est donc une roche antérieure à la formation du Système solaire, lequel se serait fait littéralement « arroser » par l'explosion fondatrice. Ensemencement cosmique ! Allende est un prodigieux livre minéral rédigé à la mairie de la Galaxie qui retrace l'acte de naissance de la Terre, des planètes et du Soleil.

Reste à dater l'heureux événement. Le rapport isotopique uranium-plomb des inclusions blanches contenant le magnésium 26 donne précisément 4,566 milliards d'années: c'est l'âge du monde, de notre petit monde du moins (le «grand monde», c'est-à-dire l'Univers, remonte à 13,7 milliards d'années).

L'eau originelle

Chue au Maroc en 1998, la météorite de Zag recèle de microscopiques trésors: des cristaux de chlorure de sodium enrichis en xénon. Ce gaz rare se forme par dégradation de l'iodine. Or, si celle-ci était présente au tout début du Système solaire, elle est aujourd'hui inexistante sur Terre, ce qui confirme que les cristaux de chlorure de sodium sont bien d'origine extraterrestre, et non le fruit d'une contamination de la météorite de Zag par des matériaux d'ici-bas. Les chercheurs ont pu dater la formation de ces cristaux à 2 millions d'années seulement après l'origine du système solaire.

Le scénario est le suivant. La planétésimale dont faisait partie la météorite s'est d'abord rapidement agrégée en une masse rocheuse importante, renfermant de l'eau et des isotopes radioactifs. Sous l'effet de la chaleur engendrée par la radioactivité, l'eau s'est évaporée, laissant apparaître les cristaux de sel. Un morceau s'est alors détaché, probablement à la suite d'une collision avec un autre corps, et a engendré la météorite de Zag.

Cette dernière confirme ainsi que l'agglomération des gaz, des roches et de la poussière juste après la naissance du Système solaire s'est faite en présence d'eau. Les conditions propices à l'apparition de la vie étaient rassemblées dès l'origine...

Les trésors de l'Antarctique

4660 météorites ont été officiellement répertoriées entre 1740 et 1990 (toute chute ou trouvaille compte pour une seule météorite, même si celle-ci s'est fragmentée en mille morceaux). Leur masse totale est de 494625 kilos. C'est infinitésimal par rapport à la montagne qui est réellement tombée.

85 % d'entre elles sont des chondrites ordinaires. Mais en termes de poids, ce sont les métalliques qui dominent les collections, car elles résistent mieux à la dégradation que les pierreuses, et parce que leur grosseur exceptionnelle les rend plus aisées à identifier. Moyennant quoi, le chercheur de météorites chevronné ne se satisfait ni des chondrites ni des ferreuses: il traque les très rares achondrites. Les plus précieuses sont une vingtaine de météorites d'origine lunaire et une trentaine d'origine martienne. Ce sont toutes des achondrites.

Ceci sans tenir compte des météorites récoltées en Antarctique, qui forment un groupe à part. En effet, ne va pas en Antarctique qui veut. Mais ceux qui y vont ne reviennent pas les mains vides. Depuis trente ans, les scientifiques ont récolté en Antarctique trois fois plus de météorites que dans tout le reste du monde en deux siècles et demi. Soit environ 12000 nouvelles découvertes.

Pourquoi l'Antarctique? Y tombe-t-il plus de météorites qu'ailleurs? Non, au contraire. Planètes et astéroïdes s'étant formés à partir d'un disque en rotation autour d'une étoile, tout ce petit monde circule plus ou moins dans le même plan. La plupart des météorides voyagent donc dans ou près de l'écliptique – le plan de l'orbite terrestre –, lui-même proche de l'équateur, et leur trajectoire est pratiquement parallèle aux terres situées près des pôles Nord et Sud de notre planète. Pour dire les choses simplement: une boule circulant dans un flux équatorial prend moins de coups sur les pôles. Ceux-ci reçoivent donc moins de chutes au kilomètre carré que les autres régions du globe. Les spécialistes des météorites ont par conséquent longtemps négligé ces deux extrémités du monde pour récolter les trésors célestes.

Mais, en 1969, des glaciologues japonais explorant la calotte antarctique tombèrent sur neuf fragments météoritiques disséminés sur une surface de quelques kilomètres carrés à peine. L'analyse en laboratoire montra que les neuf pierres provenaient d'au moins quatre chutes différentes. Comme une seule chute est en elle-même extrêmement rare en un point donné du globe, la plupart des astronomes répugnaient à l'idée que quatre météorites indépendantes pussent avoir atteint la même petite région de l'Antarctique. En fait, certains processus terrestres naturels avaient concentré les météorites dans la zone de leur ramassage. Les météorites chutant sur la calotte glaciaire sont recouvertes par la neige, qui, en s'accumulant, se comprime peu à peu en glace. Sous l'effet de son poids, la glace finit par descendre les pentes en direction de la mer, transportant avec elle les météorites emprisonnées, ainsi que des bulles d'air. Dans certaines régions côtières, la glace en dérive rencontre un obstacle : une pente montagneuse appelée « nunatak » – une douce colline, sommet d'une montagne enfouie. Les pierres tombées en pluie sur une région très étendue sont de cette façon canalisées vers des aires de collecte relativement réduites. Le blizzard, qui souffle avec rage sur le plateau antarctique, dégage progressivement les pierres enfouies, tout en érodant et en aplanissant la glace environnante. Les bulles d'air s'échappent de la masse glacée et lui confèrent peu à peu une pure couleur bleue. Et sur la bleuité glacée, les miettes sombres des météorites deviennent faciles à repérer, par avion ou par satellite...

S'il est assez facile de ramasser les météorites en surface, il est beaucoup plus difficile de collecter celles qui sont enfouies dans la masse. La glace est solide, glissante, dure comme la pierre. Chaque année, une expédition américaine nommée Ansmet (Antarctic Search for Meteorites) part pour l'Antarctique pendant la période d'été, d'octobre à début janvier, lorsque la neige et le blizzard sont peu abondants et que le soleil ne se couche jamais. Une fois qu'un champ de glace bleue est identifié, les membres de l'expédition sillonnent sa surface sur des motoneiges, cherchant partout d'éventuelles météorites. Quand une pierre est localisée, l'équipe note sa position, sa taille, sa couleur, l'épaisseur de sa croûte de fusion, son type probable et tout autre élément d'importance. Certains outils utilisés pour la collecte ressemblent à ceux utilisés par les astronautes des missions lunaires Apollo. Les roches sont manipulées avec des instruments en acier inoxydable et sont immédiatement scellées dans des récipients stériles afin d'éviter toute contamination. Les météorites collectées sont stockées dans de la neige carbonique afin de simuler les conditions d'origine, et envoyées à l'Antarctic Meteorite Laboratory du Centre spatial Johnson, à Houston. Là, elles sont examinées, classées et stockées. Elles sont manipulées en environnement stérile, dans des chambres remplies d'azote, de manière à éviter une contamination terrestre et une altération chimique par exposition à l'air libre.

L'une des zones de l'Antarctique les plus fécondes en météorites est située près de Allan Hills, en terre Victoria. En janvier 1982, le géologue américain John Schutt y découvre une petite pierre noire de 31 grammes qui devient le sujet d'un volume complet de la revue spécialisée *Geophysical Research Letters*. La pierre, nommée ALH A81005 – parce qu'elle est la cinquième météorite trouvée à Allan Hills par l'expédition A durant l'été austral 1981 –, mérite la vedette pour une bonne raison : elle tombe de la Lune !

On en acquiert la certitude après expédition et analyse d'échantillons auprès d'une vingtaine de laboratoires du monde entier. Les tests démontrent que ALH A81005 contient des milliers de petites inclusions vitreuses et de particules rocheuses encastrées, deux caractéristiques des roches lunaires rapportées par les astronautes des missions Apollo entre 1969 et 1972. Depuis, une vingtaine de météorites, ramassées tant en Antarctique qu'au Sahara, ont révélé leur origine lunaire. Les planétologues supputent que ces *lunarites* ont été éjectées de notre satellite voici plusieurs millions d'années par les impacts de gros astéroïdes.

3

Chroniques martiennes

Au matin du 3 octobre 1815, les habitants de Chassigny, un petit village proche de Dijon, sont brusquement réveillés par des détonations très inhabituelles. Ils découvrent rapidement l'origine du vacarme : 4 kilos de roches tombées du ciel viennent de s'abattre à proximité.

À cette époque, la nature extraterrestre des météorites vient seulement d'être comprise : la chute historique de L'Aigle remonte au 26 avril 1803. Ramassée et analysée, la météorite de Chassigny (« la Chassigny », comme on dirait d'une diva) intriguera des générations de chercheurs par ses caractéristiques très inhabituelles pour une pierre céleste : elle paraît sortir tout droit d'un volcan ! Elle ressemble, en effet, à une roche formée par l'accumulation de minéraux au fond d'une chambre magmatique.

Même scénario le 25 août 1865 à Shergotty (Inde) : détonation, chute, récolte de 5 kilos à l'arrivée. Ici aussi, les débris ramassés ressemblent à s'y méprendre à des roches basaltiques. Sans que, bien sûr, la moindre éruption volcanique ait été signalée.

Le 28 juin 1911 à 9 heures du matin, une pluie de météorites s'abat près du village d'El-Nakhla en Égypte, non loin d'Alexandrie. Les fragments rocheux, qui proviennent de l'explosion d'une seule et même pierre, s'éparpillent sur une zone elliptique de 4,5 kilomètres de long. La chute de chaque bolide est marquée par une colonne de fumée blanche. En arrivant au sol, l'un d'eux frappe mortellement un chien, qui devient la première victime connue d'une chute de météorite. Une quarantaine de fragments sont ramassés, d'un poids total de 10 kilos.

Les trois événements ne sont pas indépendants, comme on pourrait le penser de prime abord. Les météorites de Chassigny, Shergotty et El-Nakhla sont les premières d'un groupe exceptionnel comptant aujourd'hui une cinquantaine de pierres, sur plus de 20000 météorites ramassées. Après des années d'enquête, les détectives sont parvenus à une conclusion surprenante : ces pierres de l'espace sont des morceaux de la planète Mars !

Classées sous le nom de « SNC », en référence à leurs lieux de chute, ces météorites sont toutes des roches magmatiques hydratées, ce qui indique la présence d'eau dans leur corps parent. Ensuite, elles se caractérisent par une répartition des isotopes de l'oxygène tout à fait particulière, nettement différente de celle de la Terre, de la Lune ou des astéroïdes classiques. Pour les géochimistes, ceci prouve leur origine commune, et distincte de toutes celles qu'on connaît. En effet, il existe des variations importantes du rapport isotopique de l'oxygène au sein de toutes les roches ; les concentrations relatives en oxygène 16 et oxygène 18 dépendent sensiblement de la façon dont une roche s'est formée, et chaque gisement terrestre (par exemple de diamants, d'émeraudes, etc.) présente un rapport isotopique qui lui est propre. C'est la même chose dans l'espace. Si deux météorites possèdent un rapport isotopique différent, elles proviennent forcément de deux réservoirs distincts. *A contrario*, si elles sont isotopiquement jumelles, elles doivent être issues du même corps. Chaque astre possède ainsi sa *signature isotopique* dans les rapports des différents types d'oxygène, et la nouvelle signature détectée devait venir d'un corps dont on ne possédait encore aucun morceau.

Enfin, les SNC sont relativement jeunes, avec un âge de solidification allant de 160 millions d'années pour la Shergottite à 1,3 milliard d'années pour la Chassigny et la Nakhlite. Un clin d'œil en comparaison de l'âge habituel des météorites issues d'astéroïdes, qui toutes ont un âge de formation voisin de celui du Système solaire, 4,5 milliards d'années. Les SNC auraient donc été éjectées dans l'espace après avoir été formées sur un même corps lointain, suffisamment massif pour avoir entretenu récemment une activité magmatique et volcanique en présence d'eau.

Ces pierres ne peuvent pas provenir d'astéroïdes, car ceux-ci ne possèdent pas une taille suffisante pour conserver une activité volcanique pendant plusieurs milliards d'années. Les SNC proviennent plutôt d'une planète ou d'un gros satellite de planète. Les astronomes ont rapidement éliminé la Lune, dont la chimie est différente et où l'on pense que l'essentiel de l'activité géologique a cessé il y a 3 milliards d'années. Ils ont également éliminé Mercure, puisque presque tous les débris délogés de cette planète seraient entraînés sur des orbites serrées autour du Soleil, ayant peu de chances de remonter à hauteur de la Terre. Vénus a également été jugée une source improbable; son épaisse atmosphère et sa gravité puissante (88 % de celle de la Terre) empêcheraient la plupart des corps de sa surface d'atteindre la vitesse de libération. Les quatre grandes planètes externes, gazeuses, ne peuvent produire de météorites solides et n'ont jamais été des candidates plausibles. Il ne reste donc que Mars. La Planète rouge réunit tous les critères. Bien que refroidie à présent, elle a longtemps été volcaniquement active. Son atmosphère de surface est peu dense, offrant une faible résistance aux chocs des pierres de l'espace, et sa gravité n'atteint que 38 % de celle de la Terre.

Mais le principal argument en faveur de l'origine martienne des météorites SNC a été fourni par une nouvelle découverte: la météorite EET A79001, ramassée en Antarctique en 1979. Celle-ci fait partie de la même famille que les SNC, et elle contient de petites poches vitreuses renfermant un gaz atmosphérique. On l'a soumise à un dégazage progressif, plaçant l'échantillon sous vide et chauffant celui-ci jusqu'à 1 500 °C. On a pu déterminer alors la composition isotopique des gaz libérés pendant le chauffage: hélium, néon, argon, krypton, xénon et azote. Or, la composition de ces gaz est exactement identique à celle de l'atmosphère martienne, analysée par les sondes Viking!

La distance entre Mars et la Terre varie, selon les époques, entre 55 et 400 millions de kilomètres.

Comment des rochers assez gros pour survivre à leur voyage jusqu'à la Terre ont-ils pu être expulsés de la surface martienne? La vitesse de libération nécessaire, 5 km/s, bien que moitié moindre de celle requise pour s'échapper de la gravité terrestre, est hors d'atteinte de la force de propulsion engendrée par tous les types connus d'activité volcanique.

Les astronomes ont donc envisagé une seconde possibilité: les météorites martiennes auraient été projetées dans l'espace par l'impact d'un gros astéroïde sur la Planète rouge. Le choc peut labourer la surface et conférer suffisamment d'énergie à des roches pour qu'elles échappent à l'attraction martienne, même si elles étaient logées à plusieurs kilomètres de profondeur. La moitié environ des fragments éjectés finit par retomber à la surface martienne, et sur ceux qui se sont définitivement affranchis, la moitié est projetée hors du Système solaire par la gravité de Jupiter. Le quart restant gravite autour du Soleil en trajectoires elliptiques, errant au hasard durant des millions d'années, ballottés par les vagues de gravité imprimées par Jupiter et Mars. Certains finissent par repasser suffisamment près de leur planète mère pour subir de sa part une poussée gravitationnelle. La ruade les expédie hors de leurs anciens chemins, sur des trajectoires plus excentriques qui coupent l'orbite de la Terre. De temps à autre, un débris passe si près de la Terre qu'il est capturé par la gravité de la planète. Plongeant dans l'atmosphère, le rocher vient enfin terminer son périple chez nous. C'est une météorite martienne.

Dans l'après-midi du 3 octobre 1962, alors qu'il travaille dans son champ de maïs, un paysan nigérien entend une violente explosion, puis subit de plein fouet une onde de choc qui le cloue au sol. Trois secondes plus tard, dans un fracas d'apocalypse, un bolide s'écrase à 10 mètres de lui. Craignant qu'il ne s'agisse d'un fragment d'obus, notre héros hésite d'abord à s'approcher du lieu de l'impact. Quand il se risque enfin à jeter un coup d'œil, il découvre dans son champ un cratère de 60 centimètres de profondeur, au fond duquel repose une pierre noire. La météorite est baptisée Zagami. On dirait un dieu mais c'est un lieu, celui où elle a échoué, tout simplement.

La pierre pesait initialement 18 kilos. C'est la météorite martienne la plus massive jamais trouvée sur Terre. En 1988, le collectionneur de météorites américain Robert Haag échange une collection complète de pierres cosmiques contre un fragment conséquent de Zagami : 2,8 kilos. C'est une bonne affaire. Grâce à cette acquisition, Zagami sera longtemps la pierre martienne la plus facile à se procurer sur le marché privé des météorites. Mille dollars le gramme. Haag est un homme riche.

Après EET A79001, Zagami est la deuxième météorite martienne au sein de laquelle on a découvert de microscopiques poches d'atmosphère martienne. C'est une roche bien jeune, puisque son âge flirte avec les 180 millions d'années. Le 7 novembre 1996, soit trente-quatre ans après son arrivée sur Terre, un petit fragment de Zagami est reparti vers Mars, attaché à la sonde Mars Global Surveyor. Par ce geste symbolique, Zagami est devenue la première météorite renvoyée par la main de l'homme sur son monde d'origine.

Chercheurs d'or

Longtemps, l'endroit le plus propice pour dénicher des météorites martiennes était le plus inaccessible: les étendues blanches et bleues de l'Antarctique ont fourni aux scientifiques une bonne partie des premières météorites martiennes connues. Malgré ce beau palmarès, l'Antarctique s'est fait voler la vedette par les déserts chauds. Depuis 1998, quantité de météorites martiennes ont été découvertes au Sahara, dans le désert de Mojave en Californie et dans le sultanat d'Oman, un petit État de la péninsule arabique dont le tiers de la surface est désertique.

Contrairement à l'Antarctique, inabordable si l'on n'appartient pas à une expédition scientifique et où la collecte est sévèrement réglementée, les déserts chauds de la planète sont grands ouverts aux chasseurs de météorites. Les précieuses pierres peuvent donc tomber aux mains des privés. Une aubaine pour les collectionneurs, qui n'hésitent pas à dépenser des fortunes afin d'acquérir quelques grammes de ces cailloux extraterrestres; une calamité pour les musées et les scientifiques, qui voient de précieux spécimens leur échapper – à moins d'une négociation au prix fort...

Les chasseurs de météorites ont développé un commerce florissant que les puristes réprouvent, mais grâce auquel les scientifiques récupèrent tout de même quelques miettes du gâteau. 20 grammes de la météorite, ou 20 % de sa masse si celle-ci est inférieure à 100 grammes, leur sont généralement cédés en échange d'une authentification de la trouvaille. Comble de l'ironie, c'est grâce à cette expertise que le prix de la pierre s'envole et devient inabordable à la recherche publique.

En 1979, au cours d'une randonnée dans le désert de Mojave en Californie, Bob Verish ramasse deux pierres d'aspect basaltique. Une partie de leur surface est d'un beau noir de jais, brillant, et notre géologue amateur juge les deux cailloux suffisamment intéressants pour les ajouter à sa collection minéralogique. Il range les deux pierres avec beaucoup d'autres dans des caisses, au fond de son arrière-cour.

Vingt ans plus tard, Bob Verish s'est intéressé de près aux météorites, et il est devenu un connaisseur. Lorsqu'il remet la main sur ses anciennes trouvailles, l'aspect inhabituel des pierres lui saute aux yeux. La surface noire et brillante ressemble à s'y méprendre à une croûte de fusion. Les deux roches sont probablement des météorites. Pour en être certain, Verish découpe deux lames minces de 30 grammes dans les cailloux suspects et les apporte séance tenante à l'université de Californie pour les faire analyser. Les premiers résultats confirment non seulement la nature météoritique des deux roches, mais également une étrange ressemblance avec une météorite martienne tombée en 1994 en Antarctique. Le cas mérite d'être approfondi. Les analyses ultérieures confirment l'extraordinaire diagnostic : les cailloux qui dormaient depuis vingt ans dans l'arrière-cour proviennent bien de la Planète rouge.

Surnommées Miguel et Gabriel, les deux météorites reçoivent le nom plus officiel de « Los Angeles » de la part du comité de nomenclature de la Meteoritical Society, qui référence toutes les météorites connues. Grâce à ses deux anges gardiens, Bob Verish est maintenant à l'abri du besoin. Les météorites martiennes valent en effet cent fois plus que leur poids en or.

En principe, les météorites portent le nom du lieu précis de leur découverte. Mais certaines météorites vendues au sud du Maroc proviennent d'autres pays du Sahara comme l'Algérie, où l'exportation est interdite. Elles passent illégalement au Maroc, où il est facile d'obtenir des papiers déclarant simplement qu'elles ont été trouvées sur place. De plus, souvent les chasseurs ne ramassent pas eux-mêmes les pierres, ils ne font que les acheter aux nomades locaux, qui les ont passées en contrebande et leur ont donné de faux noms, celui d'un site marocain poétique par exemple. Des rapports faisant état de ramassages sur l'Algérie et la Mauritanie rendent très peu plausible l'existence d'un eldorado marocain. Comme l'origine exacte des cailloux est inconnue, le comité de nomenclature de la Meteoritical Society, qui recense les nouveaux objets, donne à ces pierres l'immatriculation NWA (pour North West Africa) suivie d'un numéro.

Les enjeux de la recherche

En décembre 2000, l'équipe de prospecteurs berbères employée par Bruno Fectay et Carine Bidaut, un couple français de chasseurs de météorites, ramasse au milieu d'un ancien enclos de nomades NWA 817, pierre de 104 grammes à belle croûte noire.

L'analyse des isotopes de l'oxygène montre que NWA 817 est d'origine martienne. Sa composition chimique lui vaut d'être classée parmi les Nakhlites. Son exposition aux rayons cosmiques indique qu'elle a été arrachée à sa planète mère il y a environ 10 millions d'années, avant d'atterrir au Sahara il y a quelques centaines ou milliers d'années, ce qui concorde avec les autres Nakhlites. Mais NWA 817 est particulièrement intéressante, car elle présente des traces d'eau primitive pouvant provenir de l'intérieur de Mars.

D'ordinaire, les Nakhlites (c'est-à-dire les trois autres disponibles à l'époque) présentent des altérations provoquées par de l'eau de surface. Comment le sait-on ? Parce que les rapports isotopiques entre l'hydrogène et le deutérium présents à la surface de Mars sont très caractéristiques. À cause de sa faible masse, la Planète rouge n'est pas capable de retenir efficacement les atomes d'hydrogène, très légers. Le deutérium, plus lourd, y est donc surabondant. Mais il en va autrement dans les profondeurs de la planète, où l'hydrogène ne peut s'évaporer. L'analyse de NWA 817 montre justement un rapport isotopique proche de celui observé sur Terre, ce qui prouve que l'eau avec laquelle cette roche a été en contact ne peut pas avoir été de l'eau de la surface martienne.

Évidemment, il pourrait s'agir d'eau de contamination terrestre. Mais cela, ce n'est pas l'analyse isotopique qui peut le révéler, puisqu'elle montre justement l'analogie de l'eau qui a laissé sa trace sur la météorite avec l'eau de la Terre.

En quoi est-il tellement intéressant d'avoir la preuve d'une eau en profondeur de Mars? Parce que cela prouve presque à coup sûr qu'elle s'y trouve encore. L'information qu'apportent les autres Nakhlites, à savoir qu'il y a eu de l'eau en surface il y a quelques millions d'années, n'est pas tellement intéressante dans la mesure où nous savons que cette eau a disparu depuis. En revanche, savoir qu'il y avait de l'eau en profondeur voici 10 millions d'années est un argument très fort pour penser qu'il y en a toujours.

De la vie sur Mars?

Le 27 décembre 1984, l'expédition Ansmet trouve en Antarctique une météorite pesant environ 2 kilos et ressemblant vaguement à une brique. La pierre est baptisée ALH 84001 (région d'Allan Hills, 1984, première trouvaille de la saison). Elle part vers le laboratoire du Centre Johnson Space, à Houston. Comme elle ne ressemble nullement aux autres météorites martiennes, les SNC, personne ne songe à faire le lien avec la Planète rouge. Après une rapide analyse, elle est classée comme une météorite classique provenant de la ceinture d'astéroïdes. Ce n'est qu'en octobre 1993 que l'erreur est corrigée, et que la roche est cataloguée d'origine martienne.

Le 6 août 1996, dans la torpeur estivale, le directeur de la Nasa fait une annonce fracassante: une forme primitive de vie microscopique aurait existé sur Mars voici plus de 3 milliards d'années, et des traces fossiles auraient été trouvées dans ALH 84001.

Contrairement à tous les usages académiques, le patron de la Nasa devance d'une dizaine de jours la publication technique, dans l'hebdomadaire *Science,* d'un article détaillé sur la météorite. Selon cette étude, de minuscules structures ressemblant à certaines formes de bactéries filamenteuses fossiles ornent des fractures de la roche extraterrestre. Le président Clinton s'empare de l'affaire et clame que les conséquences de cette découverte sont « infinies »... Le scoop tombe d'autant mieux pour la Nasa que, à Washington, le Sénat américain doit reconduire ses crédits. Et, comme par hasard, les lancements de trois sondes en direction de la Planète Rouge sont prévus à la fin 1997...

Avec ses 4,5 milliards d'années, ALH 84001 est une roche bien plus ancienne que les autres météorites martiennes, dont l'âge de formation tourne autour de 1,3 milliard d'années. La roche d'ALH 84001 provient vraisemblablement de la croûte primitive de Mars au sein de laquelle elle s'est solidifiée, tandis que les SNC ont été formées beaucoup plus tard par l'activité géologique de la planète. L'impact qui l'a éjectée dans l'espace remonte à seulement 15 millions d'années. Après un long périple interplanétaire, la météorite s'est finalement écrasée en Antarctique voilà 13 000 ans.

L'équipe de David McKay, du Centre Goddard de la Nasa, affirme avoir trouvé sur ALH 84001 des traces de micro-organismes accrochées à des nodules de carbonates. L'âge de ces carbonates est estimé à 3,6 milliards d'années. Nombre de spécialistes de la Planète rouge considèrent que, à cette époque, Mars était plus chaude et humide, avec une atmosphère bien plus dense qu'aujourd'hui. De l'eau, saturée en gaz carbonique par l'atmosphère martienne (le dioxyde de carbone étant son principal constituant), a pu pénétrer dans le sous-sol à la faveur de nombreuses fractures et déposer les carbonates dans les interstices des roches. Il n'est d'ailleurs pas exclu que ces dépôts de carbonates soient eux-mêmes d'origine organique. Sur Terre en tout cas, les carbonates sont souvent associés à la vie. Ils constituent notamment la coquille des animaux marins. McKay pense que des bactéries martiennes ont été responsables de la formation des carbonates. Plus encore, il prétend observer les fossiles eux-mêmes de ces bactéries supposées, sous la forme de structures allongées, vermiformes, mesurant entre 20 et 100 milliardièmes de mètre de longueur. Elles sont si petites que 1000 d'entre elles mises côte à côte tiendraient dans l'épaisseur d'un cheveu ! En physique, un milliardième se traduit par le préfixe « nano- », de la même façon que « milli- » signifie un millième et « micro- » un millionième. Ces structures, qui ressemblent à des bactéries terrestres mais cent fois plus petites, sont donc baptisées « nanofossiles ». À cette échelle minuscule, il est impossible de les décortiquer plus finement pour être certain qu'il s'agit bien d'organismes. Malgré tout, la probabilité d'une vie martienne fait la une des journaux.

Ces analyses sont loin de faire l'unanimité. Très vite, des voix s'élèvent dans la communauté scientifique. Deux mois avant la publication de McKay, la revue *Nature* avait publié une analyse de la météorite faite par un autre groupe, et tirant des conclusions diamétralement opposées. Cet article n'avait reçu aucun écho. Mais après l'annonce fracassante, les articles se multiplient dans les revues spécialisées pour pointer les faiblesses de la thèse de McKay.

Les nodules de carbonates trouvés dans ALH 84001, tout comme ceux présents dans d'autres météorites, peuvent fort bien provenir de réactions chimiques à haute température (600 °C) entre les silicates de la roche et le gaz carbonique. N'importe quel impact d'astéroïde un peu sérieux tombant sur Mars peut provoquer ce genre de température.

Par ailleurs, les petits tubes prétendument nanofossiles ne sont pas nécessairement d'origine biologique. Il peut s'agir de cristaux microscopiques ressemblant fortement à des micro-organismes. Ou encore, ces structures peuvent provenir du traitement que les échantillons subissent pour être observés au microscope électronique.

Admettons cependant qu'il s'agisse de bactéries. Sont-elles nécessairement martiennes? ALH 84001 a séjourné plus de 13 000 ans dans les glaces de l'Antarctique. Or, même dans ce milieu hostile, des micro-organismes terrestres ont pu la contaminer. Un tel raisonnement est avancé par de nombreux spécialistes à travers le monde. Là encore, l'équipe de McKay s'obstine; elle répond que les bactéries martiennes ressemblent, certes, à leurs homologues terrestres, sauf qu'elles sont cent fois plus petites, ce qui suffit à prouver qu'elles ne sont pas terrestres.

Bref, les pro- et les anti- campent sur leurs positions. La manœuvre de la Nasa pour décrocher des crédits était peut-être grossière, mais l'agence américaine est parvenue à ses fins: elle a obtenu du Congrès un programme de dix missions martiennes à 200 millions de dollars l'unité.

Tataouine

Un coup de théâtre vient bouleverser la donne en 1999 ; il provient d'une météorite tombée en Tunisie en 1931.

Le 27 juin de cette année, des soldats de la caserne de Tataouine, sur la presqu'île de Djerba, sont réveillés en pleine nuit par une pluie de pierres tombées du ciel. Ils en expédient une caisse de 25 livres au Muséum d'histoire naturelle de Paris, où elles sont oubliées sans autre forme de procès.

À la fin des années 1980, le minéralogiste Alain Carion, qui compte parmi les chasseurs de météorites les plus réputés, lit le rapport qu'a établi en 1931 le professeur Lacroix au sujet de ces chutes, et part en quête de la manne céleste, dans le désert tunisien. Fin limier, il parvient à recueillir plusieurs kilos des précieux grains verts, quelque 4000 morceaux, qu'il propose à ses clients comme des roches venues de Vesta.

Chercheur en minéralogie au Laboratoire des sciences de la terre d'Angers, Jean-Alix Barrat a, comme tout le monde, entendu l'annonce fracassante de la Nasa en septembre 1996, mais il fait partie des sceptiques. Barrat fréquente régulièrement la boutique d'Alain Carion. Il lui a acheté deux ans plus tôt un fragment de la météorite de Tataouine. L'idée lui vient de regarder de plus près son trésor – une diogénite. Les diogénites, nommées d'après l'ermite philosophe de l'Antiquité, qui avait été le premier à suggérer une origine extra-terrestre des météorites, sont des achondrites censées provenir du même tonneau, en l'occurrence le gros astéroïde Vesta. Barrat fait une première analyse sommaire de ses constituants. Il compare ses résultats avec ceux obtenus en 1994 sur l'échantillon du Muséum. Les résultats ne concordent pas: Barrat détecte dans son fragment des carbonates qui ne se trouvent pas dans l'échantillon ancien, et ces carbonates sont en tous points semblables aux fameux nodules d'ALH 84001. Or, Tataouine ne provient pas de Mars, mais de l'astéroïde Vesta. L'idée que Vesta ait connu la vie est hautement invraisemblable. La seule explication, c'est que les carbonates de Tataouine résultent d'une contamination terrestre de l'échantillon qu'il a acheté à Paris. Sur le morceau ramassé immédiatement après la chute, et conservé dans un environnement stérile, les nodules n'ont pas eu le temps d'apparaître. Mais après cinquante ans passés dans le désert, et bien que les conditions climatiques rendent toute vie difficile, les nodules de carbonates ont envahi la roche. ALH 84001, elle, a séjourné 13000 ans en Antarctique. Quelle hérésie de croire qu'elle n'ait jamais été contaminée!

D'autres chercheurs français examinent les nodules de Tataouine au microscope électronique à fort grossissement pour voir si d'éventuelles bactéries ne logeraient pas sur les carbonates de Tataouine, comme dans ALH 84001. Bingo: des bâtonnets de quelques dizaines de nanomètres sont bien présents sur ces carbonates!

Deux articles sont aussitôt publiés, qui montrent que la mystérieuse météorite ALH 84001 n'apporte rien d'autre qu'une preuve de contamination terrestre. Le scoop d'un fossile martien est bel et bien enterré. Mais, pour autant, la vraie nature de ces structures n'est pas encore élucidée. S'il s'agit de bactéries, elles sont les plus petits organismes vivants jamais observés. Les planétologues et minéralogistes ont besoin d'un biologiste pour les éclairer.

Au printemps 1999, Thierry Heulin, chercheur au CEA de Cadarache (Bouches-du-Rhône), examine les photos de curieuses structures que lui ont apportées Barrat et ses collègues. Spécialiste de l'écologie microbienne, il sait que, par temps de disette et dans des conditions rudes, certains micro-organismes réduisent leur taille pour s'adapter au stress ambiant et économiser leurs réserves. Or, quoi de plus stressant qu'une météorite exposée au cagnard du désert ? Heulin prélève donc une poignée de sable de Tataouine et y répertorie des bâtonnets de 200 nanomètres. Ce sont les plus petites bactéries vivant sur Terre dans des conditions normales, une nouvelle espèce que l'on baptise *Ramlibacter tataouinensis*. Ce sont peut-être des spécimens de cette dernière qui, dans des conditions de stress, diminuent leur taille jusqu'à 60 nanomètres ? Pour vérifier son hypothèse, Heulin inflige de mauvais traitements à ses bâtonnets pour voir s'ils rapetissent. L'expérience est concluante : les bactéries ont rétréci !

Finalement, soixante-cinq ans après son arrivée sur Terre, la pierre de Tataouine se taille un succès sans précédent : elle fournit une preuve de plus en faveur de la contamination de ALH 84001, elle permet la découverte du plus petit organisme vivant sur Terre, et elle révèle une astuce utilisée par cet organisme pour s'adapter aux conditions extrêmes : devenir plus petit encore.

Les extrémophiles

Les enseignements apportés par les bactéries de Tataouine ne font que corroborer une tendance générale dans les sciences du vivant : on découvre des petites bêtes absolument partout.

En 1979, lorsque le sous-marin *Alvin 3* a exploré la dorsale du Pacifique oriental, à 2600 mètres de profondeur, il a découvert l'existence d'une multitude de micro-organismes, ainsi que des vers géants, des crustacés et des poissons. Tout ce beau monde s'ébat à une profondeur où la pression hydrostatique est 250 fois supérieure à celle de la surface et où la température de l'eau peut monter à 350 °C.

En novembre 1999, aux États-Unis, au cœur d'une centrale nucléaire, on a découvert une bactérie rose, la *Deinococcus radiodurans*, capable de survivre dans un environnement radioactif émettant 3000 fois la dose mortelle pour un être humain.

En juillet 2000 ont été découvertes dans les glaces du pôle Sud des bactéries qui, loin d'hiberner, croissent et se multiplient à des températures de – 17 °C. Ces bactéries, d'une espèce inconnue, sont proches de la famille des *Deinococcus*. C'est dans cette famille que l'on trouve les bactéries les plus résistantes, grâce notamment à leur capacité à réparer leur ARN de manière très efficace.

En août 2000, on a découvert que des bactéries, encore inconnues, vivent et se multiplient dans les nuages, et ainsi de suite. Bref, on a baptisé « extrémophiles » les bactéries qui sont capables de survivre dans des milieux hostiles, tels les sols perpétuellement gelés, les vallées sèches de l'Antarctique à la température de – 30 °C (un climat semblable à celui de la planète Mars) et, à l'autre extrémité de l'échelle, les eaux acides et bouillantes des geysers, les sources hydrothermales océaniques à plus de 100 °C et 2500 mètres de profondeur.

En 2002, le CNRS a lancé le programme Géomex (Géomicrobiologie des environnements extrêmes). Physiciens, biologistes et géologues collaborent, avec pour mission d'explorer les limites physico-chimiques du vivant dans des milieux réputés hostiles. Au programme notamment, séquencer le génome de la bactérie *Ramlibacter tataouinensis*, qui présente des microstructures semblables à celles de la météorite martienne.

Si la météorite de Tataouine apporte des arguments contre l'origine martienne des micro-organismes de la météorite ALH 84001, paradoxalement, elle rend soudain plausible la vie extraterrestre dans un éventail d'environnements bien plus large que ce que l'on pensait : les glaces polaires de Mars, les couches profondes et glacées d'Europe, Callisto et Ganymède, satellites de Jupiter, ou de Titan et Encelade, satellites de Saturne. Autant de nouvelles scènes qui s'ouvrent pour le grand spectacle du vivant.

Puisque les chercheurs sont capables d'extraire autant d'informations des météorites martiennes tombées sur Terre, notamment à propos de l'eau qu'elles contiennent, pourquoi dépenser des milliards de dollars dans la future mission de retour d'échantillons Mars Sample Return ? Cette question revient souvent aux oreilles de ceux qui sont impliqués dans tout programme consacré à la Planète Rouge. L'objectif principal de l'aventure spatiale consiste non pas à rechercher la présence d'eau, mais bien des traces de vie actuelle ou passée à la surface de notre petite voisine. Si l'on met de côté le cas controversé d'ALH 84001, les autres météorites SNC proviennent toutes de l'intérieur de Mars et en ont été arrachées lors de violentes collisions entre un astéroïde et la planète. MSR collectera donc quelques centaines de grammes de roche issue de la surface ou des premiers mètres du sol martien. Il faudra sélectionner des sites où de l'eau s'est écoulée et où elle pourrait éventuellement subsister à faible profondeur. L'analyse des échantillons complétera les théories sur la géologie martienne que les scientifiques ont déjà échafaudées, notamment à l'aide des météorites. La mission MSR présentera aussi l'avantage de prouver définitivement que ces cailloux trouvés sur Terre proviennent bien de la Planète Rouge. Pour l'instant, il n'y a que des arguments indirects pour affirmer que ces roches sont martiennes. Même si la démonstration est convaincante, les géologues attendent tout de même de MSR l'ultime confirmation, et une nouvelle collection de cailloux parfaitement authentiques à étudier.

Dans un premier temps, les échantillons seront divisés en deux lots, le premier sera scellé pour une période de vingt à trente ans, le temps que les futures générations acquièrent une avancée technique suffisante. Le second lot sera étudié par des robots dans un environnement reproduisant les conditions martiennes.

La mission Mars Sample Return a hélas été largement retardée. Déjà, en 2006, la redistribution des budgets de la Nasa avait repoussé son lancement en 2013, avec un retour de précieux échantillons du sol martien en 2015 au mieux. Mais, compte tenu de la crise économique qui sévit actuellement, et du fait que ce sont les missions scientifiques qui en sont systématiquement les premières victimes, l'Agence spatiale européenne a indiqué que la mission pourrait n'être lancée qu'à l'horizon 2020-2022. La patience est l'une des vertus premières de la recherche scientifique…

4

Les météorites sont-elles des spermatozoïdes ?

L'origine de la vie

Le débat sur l'origine de la vie a pris ces dernières décennies un tour considérablement plus vaste qu'auparavant, avec l'entrée en lice des exobiologistes. Ceux-ci ne sont pas des biologistes exotiques, mais des gens qui étudient la vie en dehors de la planète Terre. La discipline n'existait que dans les livres et films de science-fiction jusqu'à ce qu'il faille l'inventer pour de bon, le jour où des molécules organiques furent découvertes sur un caillou d'origine extraterrestre. Dès ce moment, l'idée refit surface que non seulement la vie était possible ailleurs, mais que peut-être elle *venait* d'ailleurs, véhiculée par les météorites qui auraient ensemencé notre planète vierge.

À dire vrai, l'idée était assez ancienne. Dès 1821, Sales-Guyon de Montlivault avait émis l'hypothèse que des germes venus de la Lune avaient apporté la vie sur Terre. En 1865, en Allemagne, Hermann Richter avait cherché à compléter les théories évolutionnistes de Darwin en y ajoutant l'idée (et le mot) de *panspermie* : la vie aurait existé ou existerait un peu partout dans l'Univers, et serait transportée d'une planète à l'autre en traversant les espaces interstellaires sous forme de « spores » qui germeraient çà et là. Dans son célèbre livre *La Pluralité des mondes habités* (édition de 1880), Camille Flammarion prit parti pour cette théorie de la panspermie en se fondant sur la découverte de carbone dans les météorites. À sa suite, le chimiste suédois Svante Arrhenius soutint l'idée dans *L'Évolution des mondes*, paru en 1907. Traduit en toutes les langues, l'ouvrage eut beaucoup de succès.

L'astronome anglais Fred Hoyle défendit avec éloquence la panspermie dans les années 1950. Selon lui, la plus grande partie de la poussière interplanétaire se composerait de bactéries et d'algues monocellulaires. Au gré des mouvements cosmiques, cette poussière organique aurait atteint toutes les planètes. En 1978, assisté cette fois de Chandra Wickramasinghe, Hoyle récidiva dans l'ouvrage *Le Nuage de la vie*, soutenant que la vie « arriva finalement sur Terre comme une pluie de cellules déjà vivantes, originaires des corps de type cométaire ». Et l'excentrique astrophysicien de s'emballer en affirmant qu'une intelligence supérieure, intervenant sous forme de plaquettes de silicium, était à l'origine de l'apparition de la vie sur Terre !

Pour finir, Francis Crick, codécouvreur de la structure de l'ADN, donna avec Leslie Orgel sa propre version (humoristique ?) de la panspermie : « Pour éviter d'être endommagés, on suppose que les micro-organismes ont voyagé dans la tête d'un vaisseau spatial inhabité, envoyé sur Terre par une civilisation supérieure qui s'est développée ailleurs il y a quelques milliards d'années.»

Si la présence de microfossiles martiens dans la météorite ALH 84001 est fort douteuse, il est en revanche un fait bien établi: c'est que certaines météorites contiennent des molécules organiques (c'est-à-dire issues de la chimie du carbone), dont certaines comptent parmi les briques fondamentales de la vie telle que nous la connaissons sur Terre.

La présence de matière organique dans les météorites primitives avait été remarquée dès 1834 par le chimiste Berzelius. En 1869, quatre ans après la chute de la météorite carbonée d'Orgueil, Berthelot identifiait la présence d'une substance dont les propriétés chimiques étaient voisines de celles des charbons terrestres. Mais personne ne pouvait écarter l'hypothèse que ces substances aient été apportées par une contamination locale, et le problème était resté en suspens.

Ce n'est qu'au début des années 1970 que l'on a pu établir de façon certaine la présence de composés organiques d'origine extraterrestre dans certaines chondrites carbonées, en particulier des hydrocarbures et des acides aminés. De cette époque date la naissance officielle de l'exobiologie en tant que recherche et étude scientifique de la vie en dehors de notre planète.

Les acides aminés ne sont que les précurseurs de la vie et non la vie elle-même. Ils servent de briques fondamentales dans la formation des protéines – et l'ADN est une protéine. Donc ils constituent un chaînon capital dans l'évolution qui va du non vivant au vivant, et ce fut une surprise d'envergure de découvrir ces composants disponibles à la surface de cailloux dérivant dans le vide interplanétaire. On sait aujourd'hui que les météorites hydratées-carbonées (les météorites carbonées qui montrent la trace d'un contact avec l'eau) contiennent de très nombreuses molécules organiques complexes : environ 400 dénombrées à ce jour, dont des dizaines d'acides aminés.

Cependant, il y a un hic. Un acide aminé est une molécule à trois dimensions qui peut présenter deux orientations différentes dans l'espace : soit vers la gauche (lévogyre), soit vers la droite (dextrogyre) – exactement comme une vis peut avoir un pas de vis à droite ou à gauche, ou comme une main peut avoir le pouce à droite ou le pouce à gauche. Tout comme les vis et les mains, ces deux types de molécules sont symétriques l'une de l'autre et ne se superposent pas mais se reflètent comme dans un miroir. Sur Terre, tous les acides aminés que l'on connaît présentent la même orientation, ils sont lévogyres. *A priori,* cela peut paraître curieux, car statistiquement parlant les deux types de molécules devraient être produits en nombres égaux. Mais imaginez un instant que tous les acides aminés soient des vis qui s'emboîtent les unes dans les autres pour former les protéines. L'emboîtement ne sera possible que si toutes les vis ont le même pas de vis, le même sens de rotation. Les organismes vivants se sont donc développés à partir d'un seul des deux groupes d'acides aminés, le répliquant ensuite à la chaîne. Dans l'espace, en revanche, les molécules créées restent libres et il n'y a *a priori* aucune raison pour qu'une sorte l'emporte sur l'autre.

La météorite de Murchison, tombée en Australie le 28 septembre 1969, a ouvert de nouvelles perspectives. Ce gros caillou contient divers hydrocarbures et plus de 70 acides aminés, dont 8 font partie des 20 acides aminés qui constituent les protéines que nous connaissons. Il contient en outre des argiles, signe irréfutable qu'il a connu l'érosion par l'eau à l'état liquide. Mais le plus intéressant, c'est que, pour la première fois, on a repéré dans ces molécules la marque d'un sceau généralement considéré comme l'apanage exclusif de la vie: un excès d'environ 9 % de formes lévogyres pour certains acides aminés. Ceci suggère que la sélection d'un type sur l'autre a pu s'enclencher ailleurs que sur Terre.

On ne connaissait pas de mécanisme non biologique susceptible de produire ce type de déséquilibre. Mais ce n'est pas la vie qui pourrait expliquer l'excès de molécules lévogyres dans la météorite de Murchison. Tout récemment, la découverte d'un rayonnement infrarouge fortement polarisé dans une large portion de la nébuleuse d'Orion a fourni une hypothèse séduisante. La nébuleuse d'Orion est une région de formation d'étoiles, une vraie pouponnière. La lumière de ces jeunes étoiles pourrait être polarisée par diffusion dans la poussière qui les environne. Polarisée, c'est-à-dire tamisée en fonction de l'orientation de l'onde – seuls les photons qui vibrent dans une certaine direction poursuivent leur course tandis que les autres sont arrêtés. Un polarisateur est un filtre. Le nuage de poussière du disque circumstellaire pourrait jouer ce rôle. La présence d'une lumière polarisée dans un jeune système stellaire peut alors être responsable du basculement de la chimie prébiotique vers la forme gauche des acides aminés, déséquilibre sur lequel la vie va s'appuyer pour se développer.

Le roman du carbone

La Terre se forme voici 4,5 milliards d'années. Au début, sa température est très élevée et sa surface est molle. Progressivement, une atmosphère riche en gaz carbonique et en vapeur d'eau se constitue. Il en résulte un effet de serre qui maintient probablement une température supérieure à 100 °C. À cette température, l'eau devrait s'évaporer, mais la forte pression atmosphérique contribue à la conserver à l'état liquide. La pluie entraîne le gaz carbonique dans l'eau des océans, le gaz va réagir avec des sels et donner des calcaires, c'est-à-dire des carbonates. Il se dépose au fond de l'océan, si bien que l'atmosphère s'appauvrit peu à peu en gaz carbonique et l'effet de serre est diminué. On atteint alors une température clémente en surface. En même temps, les océans s'enrichissent de molécules organiques simples, les briques élémentaires de la vie. Il y a donc eu un important apport de carbone. Ce carbone peut provenir de l'atmosphère terrestre qui contenait probablement du gaz carbonique, du méthane et du soufre. Le méthane semble trop rare à l'époque pour avoir permis à la vie de proliférer. Un mécanisme chimique à base de sulfure de fer et d'hydrogène sulfuré est capable d'extraire spontanément le carbone du gaz carbonique pour en faire des molécules organiques. Mais il y a d'autres sources envisageables : des sources hydrothermales. Des geysers sous-marins à 250 °C existaient vraisemblablement à l'origine. Cette eau riche en gaz pourrait être le siège de la synthèse d'acides aminés. Les chercheurs ont reconstitué le phénomène en laboratoire.

La troisième piste, c'est l'espace. Dans l'eau tiède de 30 à 100 °C des océans primordiaux tombe une énorme quantité de micrométéorites, apportant des milliers de tonnes de carbone. Intégrées sur le passé, les chutes de micrométéorites ont déposé l'équivalent de 100 000 fois la biomasse terrestre – largement de quoi démarrer la vie.

En résumé, une fraction importante du carbone est venue de l'espace, une partie est venue de l'atmosphère et une autre de sources hydrothermales. Il n'est pas démontré que l'espace ait apporté tout ce dont la vie a eu besoin, il a peut-être fallu quelques épices bien terrestres. Un bon potage ne se fait pas qu'avec les légumes du jardin.

PARTIE III

BLESSURES D'ÉTOILES

L'un des aspects les plus surprenants des météorites est que les plus grosses d'entre elles sont totalement introuvables. Volatilisées! C'est la raison pour laquelle il a fallu, et il faut encore, si longtemps pour établir l'origine extraterrestre d'un cratère. L'agent responsable de l'impact manque à l'appel.

Comment les plus grosses pierres peuvent-elles ainsi disparaître en fumée alors que de plus petites arrivent intactes au sol? C'est que le destin d'une météorite résulte de la combinaison de plusieurs éléments: sa vitesse, sa masse, sa composition. Les micrométéorites, de taille microscopique, ne subissent pas de grosses frictions et se déposent gentiment au sol. Les météorites de quelques millimètres de diamètre entrent en combustion et brûlent intégralement avant d'avoir atteint le sol, ce sont les étoiles filantes. Les météorites de taille moyenne brûlent en surface seulement. Certaines arrivent entières au sol – à vitesse assez faible car elles sont freinées fortement par l'atmosphère, vu leur faible masse. La plupart explosent avant d'arriver sur Terre, car leur structure interne ne résiste pas aux fortes sollicitations imposées par la chute (notamment les écarts de température énormes entre surface et intérieur). Lors de cette explosion, la plus grande part de l'énergie cinétique du bolide est libérée dans l'atmosphère, en onde de choc et en chaleur, et les fragments continuent leur course à allure beaucoup plus modérée, percutant le sol sans violence excessive. Assez pour trouer un toit ou une voiture, mais pas pour créer un cratère ni fondre des roches.

Pour les très grosses météorites, il en va tout autrement. Un bolide de belle masse se moque éperdument de l'atmosphère. Il n'est chatouillé qu'aux entournures et ralentit à peine. En revanche, il s'échauffe très fortement en surface et peut, dans le cas de météorites pierreuses assez friables, se désintégrer entièrement avant d'atteindre le sol. C'est ce qui est arrivé en 1908 en Sibérie. Les météorites ferreuses, beaucoup plus compactes, résistent à l'échauffement et parviennent intactes au sol. La violence de l'impact est alors colossale et entraîne deux types d'effets :

1) pour le sol : formation d'un cratère et transformation des roches par compression et/ou fusion brutales ;

2) pour la météorite : vaporisation pure et simple.

Une façon simple de visualiser ces différents scénarios consiste à se représenter l'atmosphère comme un fin tamis qui protégerait la Terre. Les poussières tombent très lentement à travers les mailles. Les petits grains sont arrêtés en route. Les cailloux sont ralentis et/ou fragmentés jusqu'à arriver en pluie pas trop meurtrière. Seuls les véritables monstres – éminemment rares heureusement – trouent le filet et percutent la Terre de plein fouet ou explosent à proximité du sol, à des vitesses de plusieurs dizaines de kilomètres par seconde. L'énergie libérée par le choc est alors celle de plusieurs bombes atomiques.

En gros, on peut dire qu'un objet de plus de 100 mètres de diamètre sera pulvérisé complètement. Au-dessous de cette taille, on peut encore retrouver des fragments aux abords du cratère. Au total, sur quatre catégories de chutes, nous n'en récoltons finalement que deux : les très petites et les moyennes. Les petites et les très grosses nous échappent en se volatilisant soit dans l'air, soit au sol.

1

Bombardements

Le Meteor Crater

Si les savants du XIXe siècle ont eu du mal à accepter l'origine extraterrestre des météorites, ils furent encore bien plus réticents à reconnaître les cicatrices géologiques que les gros projectiles cosmiques pouvaient laisser en s'écrasant sur Terre, mettant en doute la réalité des cratères d'impact météoritiques.

Une querelle particulièrement chaude éclata en 1891, quand le minéralogiste américain Albert Foote se rendit en Arizona pour vérifier la présence d'un vaste filon de minerai de fer prétendument découvert au voisinage d'un cratère situé près de Winslow. La dépression mesurait 1200 mètres de large et 180 mètres de profondeur. Foote examina les morceaux de fer jonchant les abords désertiques du cratère, et conclut qu'il devait s'agir de fragments d'une météorite. Sa motivation était à la fois scientifique et commerciale : après avoir publié ses découvertes dans une revue spécialisée, il partit vendre des spécimens de par le monde. Parmi ses clients figurait le professeur Hubert Newton, l'homme qui, le premier, avait fait le lien entre les comètes et les pluies d'étoiles filantes, en 1863. Ce dernier offrit 1 250 dollars pour un souvenir de fer de 380 kilos – une somme faramineuse pour l'époque.

Les travaux de Foote attirèrent l'attention de Grove Gilbert, directeur de l'US Geological Survey. Il pensait que si une météorite de fer avait percuté la Terre, elle devait se trouver enfouie quelque part dans le sol et sa présence magnétique devait pouvoir être détectée à la boussole. En 1892, il partit en personne explorer le cratère en compagnie d'une équipe de sondeurs. Mais aucun des instruments ne détectait les influences magnétiques escomptées. Gilbert opta alors pour une explication très terre à terre : selon lui, la cavité avait été creusée par une explosion de vapeur souterraine, c'est-à-dire par une forme de volcanisme.

Le géologue Daniel Barringer, propriétaire d'une mine d'argent des environs, entendit parler du cratère et devint l'opposant le plus virulent à la théorie de Gilbert. Aucun produit d'activité volcanique, comme le soufre ou la lave, n'était présent dans la région. Convaincu que le cratère recelait une météorite riche en métaux, Barringer acquit les droits miniers de la zone et en fit creuser le sol par sa propre firme, la Standard Iron Company. Dès 1904, la compagnie effectua des sondages, mais aucune masse importante de fer ne fut révélée. Les forages découvrirent cependant des traces de diamant, de platine et d'iridium – des composants typiques des météorites –, ainsi que des dépôts de poudre de silice, que Barringer attribua à la désintégration du grès sous la force d'un impact très puissant.

En 1908, le géologue George Merrill, de la Smithsonian Institution, avança un argument décisif en faveur de la théorie de l'impact, expliquant du même coup pourquoi Barringer n'avait pu localiser l'objet responsable du cratère: selon lui, la météorite de l'Arizona s'était brisée à l'impact, éjectant les fragments de fer découverts autour du cratère, et la chaleur intense dégagée par la collision avait vaporisé le reste de l'objet. C'était la première fois qu'on imaginait une telle disparition. Comme Barringer, Merrill était frappé par l'extrême finesse de la poudre de silice; cette farine de roche n'est autre que du grès pulvérisé par un choc incroyablement puissant.

Cependant Barringer rejetait la théorie de Merrill qui, si elle était juste, rendait vaine sa quête d'une météorite enfouie. En 1918, le forage d'un trou de 35 mètres de profondeur mit au jour, sous le plancher du cratère, une couche de débris riche en nickel, épaisse de 75 centimètres. C'est là, enfin, pensa Barringer plein d'espoir, que se trouve la mystérieuse masse de fer si longtemps convoitée! Revigoré, il finança toute une série de recherches minéralogiques dans le cratère. Hélas, à sa mort, en 1929, Barringer avait englouti 120000 dollars de sa poche dans des forages sans jamais avoir ouvert le moindre filon.

Après l'échec de Barringer, la plupart des scientifiques se rallièrent à la thèse de Merrill, et le site fut rebaptisé Meteor Crater. De nouvelles preuves s'accumulèrent dans les années 1960: on découvrit dans le grès local des minéraux produits par le passage d'une onde de compression, comme celle engendrée par l'impact violent d'une météorite sur des roches contenant du quartz. De plus, les fouilles révélèrent sous le sol du cratère une masse énorme de brèches, ces roches brisées résultant de la destruction instantanée de la couche de fond. Mêlées aux brèches, des millions de minuscules sphérules métalliques, résidus fondus de la vaporisation d'une météorite, accréditaient encore le scénario d'une météorite ferreuse de 45 mètres de diamètre et pesant 300000 tonnes qui, à la vitesse de 20 km/s, avait éventré le Meteor Crater voilà 49000 ans.

Or, si tel avait été le cas, l'énergie dégagée lors de l'impact aurait dû entraîner une fusion mixte de la météorite et du sol, impliquant une quantité plus importante de roche. En 2005, deux scientifiques américains ont simulé la collision à l'aide de puissants logiciels de modélisation de la Nasa, en prenant en compte les effets de l'atmosphère sur un corps en mouvement rapide. Le résultat de leur modèle est sans appel : sous l'effet de frictions atmosphériques intenses, la météorite se serait en fait fragmentée à plus de 5 kilomètres du sol. Le cratère serait donc issu de l'impact du fragment principal, d'un diamètre deux fois moindre, et d'une nuée de roches plus fines. Quant à la vitesse à laquelle s'est produite la collision, elle a été réévaluée à 12 km/s, ce qui explique la faible quantité de roche fondue, bien que l'énergie dégagée reste celle de 2,5 mégatonnes de TNT, soit plus de 150 bombes d'Hiroshima.

Le Meteor Crater est aujourd'hui une attraction touristique.

Astroblèmes

Avec un réservoir de plus de 1 million d'astéroïdes gravitant entre Mars et Jupiter, des corps entrent assez souvent en collision avec les planètes du Système solaire. Les traces d'impact sont inscrites sur les faces cratérisées de Mars, de la Lune et de Mercure, qui portent des cicatrices d'âges divers, les plus anciennes remontant à 4 milliards d'années, à une époque où les astéroïdes arpentaient l'espace interplanétaire en beaucoup plus grand nombre qu'aujourd'hui. La Terre elle-même porte des marques indélébiles de catastrophes passées, tel le Meteor Crater. On les appelle *astroblèmes* (du grec *blêma*, « blessure »).

La Terre est une planète vivante, constamment refaçonnée par des phénomènes naturels : érosion, volcanisme, tectonique des plaques. La plupart des astroblèmes ont été effacés par ces processus géologiques. Mais certains d'entre eux ont été conservés. Les géologues en ont identifié environ 150, répartis tout autour du globe ; quelques-uns mesurent à peine 10 mètres de diamètre, d'autres dépassent 200 kilomètres. Presque tous les cratères connus ont été identifiés après 1930. Plusieurs sont encore découverts chaque année.

L'exploration du Système solaire a montré que presque toutes les surfaces planétaires sont cratérisées par les impacts de corps interplanétaires.

La surface de la Lune est criblée d'astroblèmes engendrés par un bombardement au moins cent fois plus concentré que le flux d'impacts actuel, déluge de feu et de roches qui s'est poursuivi tout au long d'une période comprise entre 4,6 et 3,9 milliards d'années dans le passé. La Terre, en tant que composante du Système solaire, a subi le même bombardement que les autres corps planétaires (même si cela ne se voit plus). Les impacts de corps extraterrestres géants ont apporté une composante déterminante dans le modelage de la jeune Terre.

Dans la nuit des temps, lorsque le Système solaire était encore naissant, une rencontre apocalyptique entre la Terre et un autre corps céleste, probablement une planète en formation de la taille de Mars qui vagabondait, aurait donné naissance à la Lune. Selon les modélisations les plus récentes, l'impact aurait projeté en orbite terrestre les matériaux vaporisés issus du corps incident et de la Terre, qui se seraient ensuite condensés et agglomérés pour former notre gros satellite. C'est actuellement la meilleure théorie pour expliquer les caractéristiques géologiques et orbitales de l'astre des nuits.

La chaleur engendrée par les premiers impacts sur la jeune Terre a peut-être provoqué le dégazage de la croûte terrestre, contribuant ainsi à la formation de l'atmosphère et des premiers océans liquides. Le bombardement initial aurait en outre empêché le développement et l'évolution d'une vie primitive, les plus gros impacts étant capables de stériliser la surface du globe. La vie n'a pu démarrer qu'à l'apaisement de ce mitraillage cosmique, il y a 3,8 milliards d'années. C'est justement l'âge des plus anciens fossiles terrestres.

La morphologie des astroblèmes varie selon leur diamètre. La relation entre taille et forme est bien illustrée par les cratères lunaires et mercuriens, qui n'ont pas été érodés comme les cratères terrestres. Seuls les plus petits ont la forme d'un bol. À mesure que le diamètre s'accroît, l'affaissement des parois intérieures et le rebond du fond du cratère engendrent des pics centraux et un terrassement des rebords de plus en plus large. Pour les astroblèmes de plus grand diamètre, le pic central unique est remplacé par un ou plusieurs anneaux de pics, formant des bassins d'impact.

On observe cette même progression de la morphologie des cratères sur Terre, bien que ces derniers soient moins bien préservés et donc plus difficiles à classifier. Ils sont de deux types :

1) Les petits cratères, dits simples, dont le diamètre est inférieur à 15 kilomètres et la profondeur égale au dixième du diamètre, ont la forme d'un bol partiellement rempli de brèches, bordé d'une couronne de débris formés de roches soulevées et retournées. La cavité est due au choc, car toute l'énergie cinétique du bolide se concentre sur la zone d'impact.

2) Au-dessus de cette taille, les bassins d'impact sont complexes, présentant une dépression annulaire et un rebord affaissé, ainsi qu'un soulèvement central distinct qui prend la forme d'un pic, voire d'un anneau de pics. Quelle que soit la taille de ce type de cratère, sa profondeur n'excède pas 2 kilomètres. Cette morphologie particulière est due à des phénomènes de rebond, c'est-à-dire qu'une partie de l'énergie est utilisée en rebond et redresse les couches centrales. L'intérieur du bassin est rempli de brèches et de roches fondues par l'impact, appelées impactites.

Les miettes de météorite ne se trouvent que dans les plus petits cratères, et sont rapidement absorbées, emportées ou recouvertes par l'environnement terrestre. Dans les impacts formant des cratères de plus de 1 kilomètre, les pressions et les températures engendrées par le choc sont suffisantes pour fondre complètement, voire vaporiser le corps incident et certaines des roches percutées. Par exemple, la pression maximale engendrée par l'impact d'une météorite pierreuse sur un granit terrestre à la vitesse de 25 km/s (vitesse d'impact typique pour un astéroïde) vaut 9 millions de fois la pression atmosphérique. Sous ces pressions extrêmes, des déformations typiques des roches et des minéraux, appelées *métamorphismes de choc,* signalent de façon indiscutable l'origine météoritique du cratère. Elles se manifestent en particulier par des *quartz choqués* et des minéraux vitrifiés et fondus par l'intense chaleur de l'impact, appelés *tectites*. La formation de quartz choqués s'explique par les effets mécaniques d'un impact à très grande vitesse sur une roche contenant des cristaux de quartz.

Les impactites de type *quartz choqué* sont formées dans le sol qui subit le choc et témoignent d'une très forte compression. Les tectites, elles, se forment sur le pourtour immédiat de l'impact et sont éjectées à grande vitesse dans l'atmosphère pour retomber jusqu'à plusieurs centaines de kilomètres. Elles sont composées de matériaux terrestres fondus qui refroidissent et se figent durant leur trajet aérien. Elles prennent toutes sortes de formes régulières, disques, roues, larmes, comme de petits objets de verre fondu dont le sculpteur serait l'air.

Impacts historiques

Il est convenu de faire commencer l'histoire humaine à l'invention de l'écriture, il y a un peu plus de 5 000 ans. Or, un certain nombre d'astroblèmes ont été créés après ce tournant.

Le plus frais est le *cratère de Sobolev,* en Russie, 50 mètres de diamètre, creusé dans le plus pur anonymat il y a moins de 1 000 ans, peut-être aussi récemment qu'au XVIIIe siècle.

Le *cratère sous-marin* nommé *Mahuika* (dieu du feu chez les Maoris), au sud de la Nouvelle-Zélande, mesure 20 kilomètres de large et 153 mètres de profondeur. Basée sur les anomalies chimiques et les fossiles dérivés de l'impact, la date précise de 1443 a été avancée. On sait par ailleurs qu'à cette époque les natifs de Nouvelle-Zélande ont abandonné leurs habitats des zones côtières. L'hypothèse d'un tsunami paraît vraisemblable.

Le *cratère de Haviland,* au Texas (États-Unis), découvert en 1925, fait 110 mètres et a moins de 1 000 ans.

L'*astroblème d'Ilemetsy,* en Estonie, mesure 80 mètres et remonte à plus de 2 000 ans.

Toujours en Estonie, l'*astroblème de Kaalijärvi,* découvert en 1928, comporte 8 cratères de 110 mètres datant de 4 000 ans.

Campo del Cielo, découvert en 1933 en Argentine, comporte une vingtaine de cratères allant de 20 à 115 mètres de diamètre, et datant de moins de 4 000 ans.

Henrury, découvert en 1931 en Australie, comprend une quinzaine de cratères allant de 6 mètres à 157 mètres de diamètre, datant de 4000 ans.

Enfin le *cratère de Wabar*, en Arabie saoudite, découvert en 1932, est composé de deux cavités de 90 mètres remontant à 6000 ans. La Pierre noire adorée par les musulmans à la Kaaba (La Mecque) pourrait bien être une impactite provenant de ce site, comme il a déjà été dit.

Le *cratère de Kamil*, en Égypte occidentale, 45 mètres de diamètre et 10 mètres de profondeur, découvert en 2009 à l'aide du logiciel Google Earth, date de moins de 3500 ans.

Voilà au moins neuf impacts qui datent de mémoire humaine, et qui peuvent avoir alimenté nombre de légendes sur quelque événement originel catastrophique ou continent englouti.

Bien qu'aucune collision historique n'ait provoqué de drame planétaire, il serait illusoire de penser que les météorites n'ont jamais tué personne. Leurs victimes ne furent pas très nombreuses, mais il y en eut, y compris au XXe siècle. Mais dans de nombreux cas, il manquait un expert en météorites pour identifier la cause de l'accident. Un des épisodes les plus dramatiques fut transcrit dans des archives chinoises : elles attestent la mort, en 1490, d'une dizaine de milliers de personnes dans la province du Shanxi, sous l'effet d'une pluie de pierres.

Parfois, le coup est évité de justesse. Par exemple, un astéroïde de plusieurs mètres de diamètre a traversé le ciel du Montana le 10 août 1972 avant de ricocher sur l'atmosphère à 60 kilomètres d'altitude et de se perdre dans l'espace. Un témoin, équipé d'une caméra Super 8, a filmé la scène. Il est toujours plaisant de regarder cette vidéo et de pouvoir se dire qu'une catastrophe a été évitée de peu : l'objet, qui devait peser plusieurs milliers de tonnes, aurait pu provoquer un événement semblable à celui de la Toungouska en 1908, mais dans une zone largement plus habitée...

Statistiques des petits chocs

Les impacts relativement modestes, susceptibles de libérer une énergie équivalant à la bombe d'Hiroshima, se produisent en moyenne une fois par an. Ils passent la plupart du temps inaperçus, pour plusieurs raisons : 75 % de la surface de la Terre est couverte d'eau et les 25 % restants sont essentiellement inhabités ; surtout, les explosions se produisent le plus souvent à haute altitude, produisant une lueur violente et un bruit de tonnerre, sans dégât réel. Plusieurs ont été observés. Par exemple, le 12 février 1947, une météorite de 70 tonnes s'est écrasée à Sikhote-Alin, dans les territoires maritimes de Sibérie. Cette masse constituée de fer a parcouru 140 kilomètres dans l'atmosphère à une vitesse de 15 km/s, surpassant en éclat le Soleil, avant de se fragmenter à quelques kilomètres du sol en un millier de morceaux, provoquant une pluie de fer qui a dévasté une forêt et formé plus de cent vingt cratères. Le plus vaste mesure 26 mètres de diamètre et 6 de profondeur. Selon les estimations des chercheurs, sa masse avoisinait la centaine de tonnes et sa taille ne devait pas dépasser 4 mètres.

Entre 1975 et 1992, les satellites américains de surveillance des missiles ont enregistré 136 grandes explosions dans l'atmosphère supérieure. En 2002, un scientifique canadien a dépouillé les archives des satellites de surveillance militaire au cours des huit années précédentes et a identifié 300 flashs causés par des météores de taille comprise entre 1 et 10 mètres. Il a estimé que les événements de type Toungouska se produisent en moyenne tous les 400 ans. Des analyses plus récentes ont certes révisé cette estimation à la baisse d'un facteur 10, mais quand même !

Une simulation d'ordinateur récemment effectuée par un ingénieur australien affirme que, au cours des 10 000 dernières années, la Terre a été frappée 350 fois par des petits astéroïdes de taille comparable à celui qui a ravagé la Toungouska. Toujours selon cette simulation, au cours des prochaines 10 000 années, les débris cosmiques tueraient 13 millions de personnes, avec pour conséquences possibles famines, chaos généralisé et guerres.

Les grands astroblèmes

En se fondant sur le nombre de cratères observés sur la Lune, les astronomes estiment qu'une soixantaine d'astéroïdes géants ont heurté la Terre au cours des 600 derniers millions d'années. Chacune de ces collisions a laissé une blessure d'au moins 100 kilomètres de diamètre et libéré autant d'énergie que l'explosion de

10 millions de mégatonnes de TNT. À titre de comparaison, la puissance explosive de tous les arsenaux nucléaires de la planète n'est actuellement « que » de 8 000 mégatonnes (quand même 500 000 fois Hiroshima).

La mise en évidence des plus grands astroblèmes terrestres nécessite une imagerie et des observations par satellite, afin d'obtenir une vue d'ensemble de leur structure et de leur environnement global. Leur diamètre est difficile à mesurer.

Pour les cratères avérés, l'*astroblème de Vredefort,* en Afrique du Sud, dont le diamètre est estimé entre 140 et 300 kilomètres, et la date de formation comprise entre 1,970 et 2,040 milliards d'années, dispute la première place à celui de *Sudbury,* au Canada, d'un diamètre compris entre 200 et 250 kilomètres, âgé de 1,850 milliard d'années.

Vient ensuite le *cratère de Bedout,* au nord-ouest de l'Australie, 200 kilomètres de diamètre, remontant à 250 millions d'années.

Le *cratère de Chicxulub,* au Mexique, de 180 kilomètres de diamètre, est daté très précisément à 65 millions d'années.

Les *cratères d'Alamo,* au sud-ouest du Nevada, 150 kilomètres, et de *Woodleigh,* en Australie occidentale, 120 kilomètres, datent tous deux de 365 millions d'années.

L'*astroblème d'Acraman,* en Australie du Sud, vieux d'environ 600 millions d'années, a un diamètre compris entre 90 et 160 kilomètres.

Celui de *Manicouagan,* au Canada (Québec), mesure 100 kilomètres et remonte à 213 millions d'années, tandis que celui de *Popigai,* en Russie, de taille comparable, remonterait à seulement 35 millions d'années.

Parmi les cratères à l'authenticité douteuse, les plus vastes seraient celui ayant creusé la baie d'Hudson, au Canada, de 440 kilomètres de diamètre, et celui correspondant à la terre Victoria, en Antarctique, qui ferait 240 kilomètres de diamètre. Mais ces deux géants sont si incertains qu'on ne peut leur attribuer un âge.

L'échelle de Turin

Une échelle permettant d'estimer les risques de collision entre la Terre et un astéroïde, ainsi que les dégâts collatéraux, a été mise au point. Baptisée échelle de Turin, nom de la ville italienne où l'Union astronomique internationale a adopté cette norme, elle est l'équivalent de la célèbre échelle de Richter, qui mesure l'énergie libérée par un tremblement de terre. L'échelle de Turin s'échelonne de 0 à 10, 0 étant la graduation correspondant au danger nul, 10 celle correspondant aux risques d'une catastrophe planétaire. Tout impact avec un corps de taille inférieure à 30 mètres est classé 0 sur l'échelle de Turin, car la Terre n'encourt aucun danger. Tout impact avec un corps de taille supérieure à 10 kilomètres est classé 10 sur l'échelle de Turin.

Outre la taille de la météoride, l'échelle tient compte d'autres facteurs, comme la vitesse d'impact et la probabilité de collision avec la Terre. Elle permet ainsi d'estimer si l'approche d'un astéroïde dangereux ou d'une comète mérite d'être communiquée au public quant à son danger réel.

2

La fin des dinosaures

La théorie d'Alvarez

En 1978, le physicien Luis Alvarez et son fils Walter, géologue, en compagnie de leurs collègues de l'université de Californie, trouvent des concentrations anormalement élevées d'iridium dans une mince couche d'argile souterraine située près de Gubbio, en Italie. L'iridium, métal de même type que le platine, est rare dans la croûte terrestre, mais 10000 fois plus abondant dans les astéroïdes et les météorites.

Pour l'équipe d'Alvarez, l'enrichissement du sol de Gubbio suggère un impact de météorite. Plus significatif encore, la couche d'argile enrichie en iridium date de 65 millions d'années, et correspond à la frontière paléontologique entre le Crétacé, qui a vu les derniers instants des dinosaures, et l'ère tertiaire, qui a inauguré l'ère des mammifères. Les chercheurs font donc l'hypothèse qu'une météorite est responsable du dépôt d'iridium et a, du même coup, exterminé les dinosaures.

Pour conforter cette idée, Luis et Walter Alvarez recherchent des indices supplémentaires sur la catastrophe planétaire datant de la limite Crétacé-Tertiaire (en abrégé, limite C-T). Après avoir expertisé la couche C-T sur cinquante sites répartis autour du globe, les Alvarez annoncent que l'iridium est effectivement surabondant partout où l'argile peut être échantillonnée. Ils calculent également que la quantité totale d'iridium présente dans la couche C-T, en supposant qu'elle s'est uniformément déposée sur la planète, est égale à la quantité contenue dans une météorite de 10 kilomètres de diamètre.

L'impact d'un corps de cette taille aurait creusé un cratère de 150 kilomètres de large, et projeté dans l'atmosphère 100000 milliards de tonnes de poussière. Les débris en suspension dans l'air auraient masqué la lumière du Soleil pendant plusieurs mois, plongeant la planète dans un « hiver cosmique » sombre et glacial. Toutes les formes de vie alimentées par la photosynthèse auraient succombé, ainsi que pour finir les ordres supérieurs qui s'en nourrissaient – notamment les dinosaures.

Enfin, la poussière soulevée par l'impact, puis retombée au sol, aurait formé le dépôt d'argile au fond des mers et créé la fine couche C-T observée à Gubbio et ailleurs.

Comme c'est presque toujours le cas en science, cette idée originale ne fut pas acceptée d'emblée. Luis Alvarez avait la réputation d'être un excentrique. Il est vrai qu'il ne manquait pas d'imagination. Outre ses travaux en physique atomique, on lui devait d'innombrables découvertes pratiques, comme la balise à micro-ondes et l'antenne radar linéaire. Pendant la Seconde Guerre mondiale, Alvarez, comme beaucoup d'autres scientifiques, avait été impliqué dans la recherche militaire et participé au développement de la bombe atomique. Après la guerre, Alvarez avait collaboré à la construction du premier accélérateur linéaire et de la chambre à bulles pour l'observation de particules élémentaires. On lui devait aussi le développement d'un système de télévision en couleurs, et il avait mis au point une méthode de sondage des pyramides d'Égypte par rayons X, dans l'espoir de prouver qu'elles ne contenaient pas de chambre secrète! Mais par ailleurs, en 1968, Alvarez avait reçu le prix Nobel de physique pour ses travaux en physique des particules. À vrai dire, si Alvarez n'avait pas été prix Nobel, peu de scientifiques auraient pris son idée d'impact météoritique au sérieux.

La théorie d'Alvarez déclencha donc une véritable onde de choc chez les paléontologues et les géophysiciens. Ceux-ci pensaient jusqu'alors que la disparition des dinosaures avait été la conséquence d'une augmentation de l'activité volcanique mondiale, sur la foi des gigantesques coulées de lave formant les falaises en escaliers du plateau du Deccan, au sud de l'Inde. Ces *traps* (*trap* signifie «escalier» en anglais) représentent une épaisseur considérable de laves de près de 2500 mètres, s'étendant sur une superficie immense qu'on évalue à plus de 2 millions de kilomètres carrés.

En outre, les données paléontologiques suggéraient que la disparition des espèces avait été graduelle, tout comme les extrusions de lave. Or, en 1982, deux chercheurs américains montrèrent que la méthode utilisée jusqu'alors par les paléontologues pour dater la fin d'une espèce était faussée parce que certains fossiles avaient été mal inventoriés, ou parce que l'on ne disposait pas de fossiles pour toutes les époques. Le réexamen des données fossiles et les nouveaux résultats qui en découlaient indiquaient que les périodes d'extinction datant de la fin du Permien et de la fin du Crétacé n'avaient duré que quelques milliers d'années, au lieu des millions d'années invoquées précédemment. Elles avaient été rapides, et non pas progressives. Dans ces conditions, les variations climatiques provoquées par un volcanisme intense avaient sans conteste contribué à la disparition de plusieurs espèces, mais, à la fin du Crétacé, la vie reprenait déjà le dessus alors que la crise volcanique n'était pas encore achevée. Il fallait donc un événement plus brutal que le volcanisme pour rendre compte des nouvelles données paléontologiques.

De fait, à partir de 1980, les indices minéralogiques et géochimiques s'accumulent pour étayer la théorie de l'impact. La stishovite, un minéral sous-produit inévitable des ondes de compression météoritiques, est retrouvée en 1984 dans des argiles de la couche C-T du continent nord-américain, ainsi que des grains de quartz choqués, considérés par les géologues comme des indicateurs fiables d'une puissante explosion. Dans ces quartz situés sous la couche d'iridium, on a aussi découvert des minéraux forgés à de hautes températures et sous d'énormes pressions, typiques de collisions entre corps célestes. Directement situés sous les quartz choqués, les sédiments marins contiennent aussi des tectites altérées, produites par la fusion à haute pression des roches cibles lors d'un impact.

En 1984, une équipe française découvre dans les couches C-T des magnétites nickélifères, cristaux microscopiques qui ne peuvent se former qu'en présence d'oxygène et d'une grande quantité de nickel, et qui sont pratiquement absents à la surface de la planète. Ces magnétites nickélifères se constituent lorsqu'une météorite riche en nickel entre en contact avec l'atmosphère oxygénée de la Terre. Ainsi, elles n'existent pas dans les cratères lunaires, puisque notre satellite n'a pas d'atmosphère oxygénée.

Encore une fois, la présence de ce minéral associé à l'iridium, distribué uniformément sur toute la planète dans les quelques millimètres de la couche d'argile C-T, signe un phénomène instantané de métamorphisme de matière extraterrestre.

Enfin, des spécialistes de l'étude des catastrophes à grande échelle avaient fait remarquer que, dans une collision céleste, la mort des arbres et le dessèchement des forêts auraient fourni un combustible idéal pour de gigantesques incendies. Or en 1985, des chimistes de l'université de Chicago relèvent suffisamment de particules de suie dans la couche limite C-T pour les attribuer à la combustion d'une large fraction de la végétation terrestre existant à la fin du Crétacé.

Tout cela était fort bien, mais il manquait toujours le principal vestige: le cratère lui-même. Que la météorite soit réduite en poudre, d'accord, mais un cratère de plus de 150 kilomètres, ça ne disparaît pas comme ça, même en 65 millions d'années. En l'absence de ce témoin principal, beaucoup de scientifiques continuaient à snober l'hypothèse catastrophiste.

Comme souvent, la découverte survint par hasard. En 1990, des géophysiciens de la Compagnie pétrolière du Mexique Pemex, qui cherchaient de nouveaux champs pétrolifères, remarquèrent la présence d'une immense structure circulaire de 200 kilomètres de diamètre, enfouie sous plus de 1000 mètres de sédiments qui constituent le fond du golfe du Mexique, et seulement identifiable par des anomalies gravitationnelles et magnétiques. L'astroblème sous-marin, qui présente un escarpement de 3000 mètres, déborde sur les terres émergées de la péninsule du Yucatan et traverse le village côtier de Chicxulub, dont il a pris le nom. Sa taille correspond bien à un bolide de 10 kilomètres de diamètre, et à un impact équivalent à un séisme de magnitude supérieure à 10 sur l'échelle de Richter.

L'âge des roches fondues, prélevées au cours de sondages pétroliers, correspond exactement à celui des tectites dispersées sur des centaines de kilomètres aux alentours : 64,98 millions d'années, ce qui situe l'événement exactement à la fin du Crétacé.

Dans le cas d'un impact marin, il faut tenir compte de la formation de raz-de-marée géants, les fameux *tsunamis*. Par exemple, un impact n'importe où dans l'océan Atlantique par un corps de 400 mètres de diamètre dévasterait les côtes avec des vagues de plus de 60 mètres de hauteur. Le météore de Chicxulub a dû engendrer un tsunami considérablement plus puissant, marqué par des murailles liquides de 3000 mètres de hauteur ! Or, autour du golfe du Mexique, les dépôts sédimentaires comportent, intercalé entre la couche de tectites et la couche d'iridium, un banc de grès qui est la signature d'un énorme tsunami ayant ravagé les côtes du Mexique.

Tout comme l'extinction des dinosaures, le gigantesque gisement pétrolier sous-marin de Campeche, dans le golfe du Mexique, qui produit 1,3 million de barils par jour, serait lié à l'impact de l'astéroïde de Chicxulub. Une analyse stratigraphique et minéralogique de ce réservoir révèle que l'impact a provoqué un affaissement soudain de roches calcaires alors situées en surface. Les débris éjectés par la chute de la météorite ont ensuite recouvert d'une couche étanche ces roches fortement tassées, créant une véritable citerne, un piège idéal pour les matières organiques qui se sont déposées au cours des millénaires suivants.

Scénario d'une apocalypse

Le bouclier de l'atmosphère terrestre n'est que papier à cigarette devant la course d'un bolide de 10 kilomètres et 1000 milliards de tonnes. Quand la météorite plongea vers l'océan en sifflant, elle chauffa l'air autour d'elle à 30000 degrés. Les molécules d'air, dépouillées de leurs électrons, firent au bolide un halo incandescent. Dans ce brouillard rouge sombre, l'oxygène et l'azote ionisés s'unirent pour former des composés d'oxyde d'azote à l'odeur âcre, qui allaient assurer des pluies acides pour longtemps.

À l'instant même où l'objet frappa l'océan, l'air comprimé par sa face avant fut projeté dans toutes les directions en jets gazeux chauffés à blanc, et l'eau de mer fut portée à trois fois sa densité normale. L'impact éleva instantanément la température de l'eau à 60 000 degrés, et, en un éclair, des milliards de tonnes d'eau salée entrèrent en ébullition. La surface de l'eau, tendue comme du béton, réverbéra le choc et amorça la rupture de l'astéroïde. De gigantesques jets de vapeur fusèrent vers le ciel, tandis que l'objet se mettait à crépiter sous les ondes de choc.

Quand il heurta le fond océanique, 100 millions de mégatonnes d'énergie furent libérées et secouèrent la planète entière. On ne peut qu'imaginer le coup de tonnerre qui se fit entendre alors, accompagné d'un éclair de lumière aveuglant. Des ondes de décompression suivirent immédiatement la première onde de choc et, dans une explosion équivalant à 250 000 grandes éruptions volcaniques, des milliers de milliards de tonnes d'un amalgame de sédiments marins, de météorite, d'eau et de débris rocheux vaporisés se ruèrent hors de la cavité qui s'élargit autour du point d'impact. En trois minutes, une boule de feu en expansion emplie de vapeur et de roches fondues rasa les terres émergées jusqu'à une distance de 2 000 kilomètres, écorchant le sol jusqu'à la roche de fond. Toutes les créatures qui étaient aux premières loges n'existaient déjà plus. Pour les autres, il ne restait plus qu'à attendre la mort.

Le souffle dévastateur délivré par la météorite déclencha un soulèvement du fond océanique 100 000 fois plus puissant qu'un tremblement de terre de degré 7 sur l'échelle de Richter, engendrant des tsunamis, ondes séismiques océaniques de 5 à 6 kilomètres de large et presque aussi hautes que les montagnes Rocheuses. Les colossales murailles liquides se propagèrent vers l'extérieur à la vitesse de 700 km/h et déferlèrent sans obstacle au-dessus des plaines côtières de l'Amérique centrale, ravageant la Floride et les îles Caraïbes. Un nombre incalculable d'espèces animales furent noyées, et 5 millions de kilomètres carrés de terres furent inondés par des torrents de boue. Ainsi périt la deuxième fournée de victimes.

Le cratère produit par l'impact, initialement de 25 kilomètres de profondeur et 300 kilomètres de large, se rétrécit à une profondeur de 500 mètres et une largeur de 100 kilomètres lorsque le manteau terrestre sous-jacent rebondit. Tout en haut, les ondes de choc de l'explosion échauffèrent l'air à plus de 1500 degrés, engendrant de violents ouragans, qui pendant vingt heures dévastèrent la surface de la planète. Nouveau lot de victimes.

À l'endroit de l'impact, les vagues secondaires produites après le choc et l'affaissement des murs de la cavité marine se mirent à pilonner périodiquement le rivage, toutes les sept minutes. Le barattage incessant de l'océan près du site d'impact entraîna les eaux côtières tièdes à de grandes profondeurs, asphyxiant les poissons et privant de lumière les fragiles organismes marins; les eaux du fond, froides, submergèrent les récifs coralliens et les colonies de plancton.

Tel fut l'effet immédiat de cette catastrophe aux dimensions planétaires. À l'intérieur des continents toutefois, sur les hauteurs, pour violents que furent le choc et les orages, la vie continuait. Les effets secondaires ne se firent pas attendre. Tels de minuscules missiles balistiques incendiaires, les milliards de tonnes de particules rocheuses pulvérisées et de gouttelettes de vapeur condensée éjectées par l'impact de l'astéroïde se déversèrent dans l'espace environnant, atteignant en quelques secondes les étages stratosphériques. Resplendissant de myriades de ces bulles luisantes, le ciel rayonna assez de chaleur pour porter la température de l'air à 1000 degrés à 60 kilomètres d'altitude. Au sol, les températures grimpèrent à 300 degrés. Durant une heure, la pointe de chaleur incendia les régions déjà asséchées par le souffle d'explosion de la boule de feu. Toutes les créatures incapables de s'abriter de cet enfer furent carbonisées. 90 % des forêts et des prairies de la planète encore indemnes se mirent à brûler. C'était l'hallali pour les populations épargnées par le premier choc, à qui ne restaient plus que les zones humides ou les cavernes pour s'abriter. Peut-on se représenter tel cataclysme ? La planète entière en train de flamber.

Et ce n'était pas tout. Un mélange de suies produites par les incendies et d'un brouillard d'oxyde d'azote produit par les ondes de choc se combina à la poussière et se déploya rapidement en un linceul épais de 30 kilomètres, qui enveloppa la planète en moins de vingt-quatre heures. Aucun rayon de Soleil ne pouvait plus percer ce bouclier : la surface de la Terre fut plongée dans des ténèbres trente fois plus épaisses que la plus sombre des nuits sans lune. Les survivants se trouvaient prisonniers d'une planète bâillonnée, et promis à l'asphyxie. La photosynthèse s'interrompit pendant six mois, causant la mort du plancton – à l'exception du plancton arctique, plus résistant –, et déclenchant l'effondrement de la chaîne alimentaire marine. Les plantes terrestres subsistantes s'éteignirent à leur tour.

Du miasme enveloppant le globe, une pluie mortelle commença à tomber : la vapeur d'eau du nuage se condensa progressivement et se mélangea aux oxydes d'azote pour former des précipitations aussi corrosives que l'acide. Les averses délétères fanèrent toutes les plantes terrestres survivantes, acidifièrent les lacs, firent fondre les métaux hautement toxiques contenus dans les sols et les roches, les déposant dans les cours d'eau, les étangs et les rivières, où ils contaminèrent et tuèrent la plupart de la vie aquatique. L'afflux d'acide au sein des océans détruisit les organismes carbonés et relâcha dans l'atmosphère des tonnes de dioxyde de carbone.

Malgré l'injection de ce gaz, la Terre se refroidit rapidement sous sa hotte pâteuse. Sa surface, privée des rayons du Soleil, perdit ses réserves de chaleur. Moins de dix jours après l'impact, les températures plongèrent en dessous du zéro. Un hiver général s'installa pendant six mois. La neige formée par les pluies acides recouvrit les continents d'une couche de 6 mètres d'épaisseur, faite de suie et de cristaux d'acide nitrique. L'obscurité et la neige empêchèrent la plupart des grands animaux de trouver leur nourriture : les derniers représentants des dinosaures moururent de faim. Seuls les mammifères les plus petits purent forer le sol en quête de végétaux en décomposition, et se mettre au chaud en creusant des galeries souterraines. Les poissons et autres organismes des lacs ayant survécu au bain acide se sustentèrent de plantes pourries.

Au bout d'une année, avec le nettoyage et la disparition graduelle de la poussière et de la suie atmosphériques, la lumière du Soleil put de nouveau atteindre la surface de la Terre. Débarrassés de leur linceul de particules, la vapeur d'eau et l'oxyde d'azote restant dans l'atmosphère laissèrent pénétrer les rayons du Soleil, tout en piégeant le rayonnement infrarouge émis par la Terre. Les gaz carboniques libérés par les océans contribuèrent à cet effet de serre, emmaillotant la planète d'un cocon humide et vaporeux pendant deux millénaires. Lentement, la vie refit surface, diverse et abondante ; mais les dinosaures, eux, étaient définitivement balayés.

3

Extinctions à répétition

En déchiffrant l'histoire de la vie inscrite dans les traces fossiles des 600 derniers millions d'années, les paléontologues ont mis au jour non pas une, mais *cinq* extinctions de masse, au cours desquelles plus de la moitié des espèces végétales et animales disparurent quasi simultanément. Remontons donc le temps.

1) À la fin du Crétacé (– 65 millions d'années), comme nous venons de le voir, a lieu la fameuse disparition des dinosaures. En outre, le plancton marin, les rudistes, les ammonites et presque tous les habitants des fonds marins ont été rayés de la surface de la Terre. Ont survécu les petits mammifères, les plantes terrestres, les poissons et certains coraux.

2) À la fin du Trias (– 215 millions d'années), les ammonoïdes et les nautiloïdes sont particulièrement affectés.

3) À la fin du Permien (– 245 millions d'années), c'est la plus grande crise. Plus de la moitié des familles d'organismes marins disparaissent et les vertébrés terrestres sont décimés; on évalue qu'environ 95 % des espèces sont éradiquées.

4) À la fin du Dévonien (– 360 millions d'années), les récifs érigés par les stromatopores et les coraux *Rugosa* et *Tabulata* disparaissent, les poissons marins sont affectés, alors que ceux d'eau douce le sont beaucoup moins ; une seule famille de trilobites survit.

5) À la fin de l'Ordovicien (autour de – 440 millions d'années), un tiers de la faune marine s'éteint ; les trilobites sont particulièrement affectés.

Il n'est pas rare que l'évolution de la vie sur Terre soit présentée comme un processus linéaire progressif aboutissant à l'homme. Le scénario peu à peu reconstitué par les paléontologues est cependant tout différent. Il semblerait que la vie se soit trouvée à cinq reprises très gravement perturbée dans son déroulement par une catastrophe naturelle qui a détruit une bonne partie des espèces vivantes. L'évolution est chaque fois repartie sur de nouvelles bases, avec les survivants et le nouvel environnement. Nous ne serions donc que l'aboutissement (provisoire) du sixième essai de l'évolution, essai qui n'aurait jamais vu le jour s'il n'avait été précédé de cinq événements complètement aléatoires.

Il est permis de penser que la vie aurait pu produire l'intelligence dans l'une ou l'autre des voies différentes qu'elle avait commencé à explorer. Ce n'est pas seulement sur Mars que de petits hommes verts auraient pu voir le jour. C'est encore bien plus sur la Terre, si un hasard n'avait aiguillé l'évolution plutôt vers nous...

Si la réalité des extinctions de masse est l'objet d'un consensus dans la communauté scientifique, les causes de ces extinctions suscitent un foisonnement d'hypothèses controversées. Les causes le plus souvent mises en avant, qui reposent sur des constatations paléontologiques, paléogéographiques, paléoclimatiques, etc., peuvent se résumer ainsi : variations climatiques (glaciations, réchauffements), changements des niveaux océaniques (transgressions et régressions), volcanisme, anoxie (manque d'oxygène), hypersalinité et, bien sûr, après le succès de la théorie d'Alvarez pour expliquer l'extinction C-T, les impacts météoritiques.

Pour affermir cette dernière hypothèse, encore faudrait-il trouver des astroblèmes correspondants aux diverses extinctions. Et là, surprise, seule l'extinction de la fin de l'Ordovicien (autour de – 440 millions d'années) ne coïncide avec aucun astroblème de quelque importance connu. Pour toutes les autres, il existe de bons « candidats ».

– L'extinction du Dévonien, rappelons-le, date de 360 millions d'années et a vu disparaître 72 % des espèces. Suite à l'étude de roches de quartz vitrifiées et des anomalies de gravité locales dans la région de la baie de Shark (Australie), au bord de l'océan Indien, une équipe de géologues australiens a identifié l'astroblème de Woodleigh, un cratère de 120 kilomètres de large et vieux de 360 millions d'années. La météorite devait avoir un diamètre d'au moins 5 kilomètres. Les conséquences ont dû être à peu près similaires à celles de l'impact de Chicxulub dans le golfe du Mexique, responsable de l'extinction des dinosaures : obscurcissement de l'atmosphère par les poussières soulevées au moment de l'impact, pluies acides et changement climatique majeur semblable à un hiver nucléaire.

– Il y a 245 millions d'années, l'extinction de masse qui a marqué la frontière entre le Permien et le Trias a éliminé plus de 90 % de toutes les espèces marines, 70 % des vertébrés terrestres et la plupart des plantes terrestres – la plus sévère extinction des derniers 600 millions d'années. Parmi les hypothèses proposées pour expliquer cette catastrophe P-T, on trouve celle d'éjections massives de lave volcanique, d'un empoisonnement océanique par anoxie, de fortes variations du niveau des mers et du climat, et bien entendu celle d'une météorite géante. Or, depuis 2000, les indices se multiplient en faveur de cette dernière hypothèse. Les géochimistes ont trouvé trois signatures d'impact. On a découvert dans les sédiments de la frontière P-T des fullerènes (ces cages constituées d'atomes de carbone) contenant des gaz d'origine extraterrestre, plus précisément de l'hélium et de l'argon pris au piège en des proportions isotopiques semblables à celles des chondrites carbonées, ce qui suggère qu'un impact d'astéroïde ou de comète aurait déclenché l'extinction du Permien.

Autre trace décelée, celle de minuscules cristaux de verre pouvant résulter du refroidissement rapide de gouttelettes de roche en fusion projetées dans l'atmosphère pendant une collision. Enfin, du quartz choqué a été retrouvé sur les sites de la fin du Permien. Or, le quartz est si stable qu'aucun mécanisme connu d'origine volcanique ne peut le transformer à ce point. Les quartz fracturés ne peuvent résulter que d'une onde de choc d'extrême puissance, due à un impact géant. Les indices ressemblent donc à ceux de l'extinction du Crétacé.

Reste à retrouver un cratère d'impact analogue à celui de Chicxulub. Un candidat existe. Un géologue de la société Agip Petroleum, en Australie, a décrit ce qui semble être un cratère d'impact gigantesque datant de la fin du Permien, enfoui sous une épaisse couche de sédiments au large de la côte nord-ouest de l'Australie. Nommé Bedout, l'astroblème se manifeste par une ligne de fracture circulaire de 200 kilomètres de diamètre. Les géologues y recherchent activement des quartz choqués qui prouveraient que l'on a bien affaire à un cratère d'impact. Ceci expliquerait la présence de fullerènes dans des sédiments contemporains en Chine, au Japon et en Antarctique, proches de l'impact.

– La dernière extinction à expliquer est celle survenue il y a 215 millions d'années, à la fin du Trias, où une catastrophe a provoqué la disparition de 61 % des espèces. Un astroblème avéré de 100 kilomètres date approximativement de cette période : celui de Manicouagan, au Québec. Le cratère de Rochechouart date aussi de la même période. Si le cratère a bien un diamètre de 20 kilomètres et une profondeur de 60 mètres, la météorite de Rochechouart devait avoir une masse de 6 milliards de tonnes et une taille de 1,5 kilomètre.

Voilà deux cratères candidats pour témoigner de la chute d'une météorite à l'époque voulue, ce qui semble être un de trop. Curieusement, des investigations complémentaires allaient en fournir encore davantage, pour déboucher sur un scénario catastrophe à très grande échelle, dont la France aurait reçu une part. Petite ou grosse ? La controverse fait rage. L'imagerie par satellite suggère en effet une gigantesque structure d'impact de 200 kilomètres de diamètre, jouxtée d'une structure jumelle encore plus grande de 300 kilomètres, centrée dans la région de Bizeneuille. S'il s'agissait d'authentiques impacts, les deux plus grandes météorites jamais tombées sur Terre au cours du dernier milliard d'années se seraient écrasées en France, dans le Limousin... Examinons le cas de plus près.

Impacts en chaîne

Spécialiste de la télédétection spatiale et expert dans l'interprétation des images fournies par les satellites, Guy Tamain a, dès 1985, en étudiant une image de Landsat 2, observé que le point d'impact de la météorite de Rochechouart était le centre d'une vaste structure multi-annulaire extrêmement dense, tel un immense cratère, dont le diamètre était de 200 à 210 kilomètres, et non pas 20 à 25 kilomètres comme on le pensait alors. Le bord externe de cet ensemble, provoqué par l'onde de choc lors de l'impact, passe par une ligne Guéret, Aubusson, Tulle, Brive et Périgueux. La thèse pourrait expliquer la présence à Saint-Paul-la-Roche, en Dordogne, de gisements d'un quartz reconnu comme étant le plus pur du monde pour ses qualités optiques exceptionnelles, et utilisé à ce titre en aéronautique, notamment par la Nasa et lors de la construction du Concorde.

Ce quartz choqué, que l'on ne pouvait jusqu'à présent relier au petit cratère de 25 kilomètres, pourrait bien souligner l'existence d'un micro-impact, celui d'un petit bloc satellite de la grande météorite de Rochechouart, tombé à quelque 40 kilomètres du point de chute de celle-ci.

Plus étrange encore, la régularité des anneaux concentriques de Rochechouart s'interrompt brutalement vers le nord-est. À la place, on aperçoit un entrelacs géologique complexe, comme si l'onde de choc avait été gênée par quelque chose d'aussi puissant qu'elle. Or, qu'est-ce qui est aussi puissant que l'impact d'une énorme météorite ? Une autre météorite, tout aussi énorme ! De fait, des images satellitaires de la périphérie nord-est du cratère de Rochechouart laissent entrevoir une autre série d'anneaux dont le centre est situé à Bizeneuille, à l'ouest de Moulins (Allier), et qui a un diamètre encore plus important, autour de 300 kilomètres. L'ensemble fait immanquablement penser aux ondes laissées par deux cailloux lancés presque simultanément dans l'eau : il y a une zone où les ondes se chevauchent. Une seconde météorite se serait-elle abattue non loin de la première ? Les géologues se mettent au travail.

Première difficulté, si l'on en croit les cartes géologiques existantes, aucune roche (brèche, etc.) ni aucun faciès pétrographique rappelant un tant soit peu des impactites n'a jamais été signalé ici.

Deuxième difficulté, comment expliquer la présence de deux astroblèmes si rapprochés ? Une explication plausible est que les deux météorites proviennent du même astéroïde. Ce dernier se serait scindé au contact de l'atmosphère. Deux gros blocs auraient alors touché la Terre à quelques secondes d'intervalle. Le premier impact serait celui de la météorite de Bizeneuille, étant donné que l'astroblème de Rochechouart le recouvre en partie dans son quart sud-ouest. Aujourd'hui, les deux cavités ne sont pas au même niveau d'érosion, car les deux météorites ne sont pas arrivées sur les mêmes roches. Ces dissemblances expliqueraient qu'il reste difficile de trouver dans la région de Bizeneuille des impactites bien conservées.

Cette thèse est conforme à la reconstitution qu'une équipe de géologues anglo-saxons a proposée en 1998. D'autres impacts se sont produits à la même époque ailleurs dans le monde, et apparemment ces impacts sont distribués un peu partout sans ordre : Manicouagan et Saint-Martin au Canada, Red Wing aux États-Unis et Obolon en Ukraine. Dans cette accumulation de données disparates, il fallait la perspicacité du chercheur pour découvrir un sens. Les trois géologues ont pensé à reconstituer la géographie de la Terre à cette époque. Il y a 200 millions d'années, les continents n'avaient pas la même disposition sur le globe. Les spécialistes appellent « paléolatitude » la latitude de cette époque. Or, les sites où se sont écrasées trois de ces météorites sont sur la même paléolatitude : Rochechouart, Manicouagan et Saint-Martin se trouvaient alors à 22°8 de paléolatitude nord. Red Wing et Obolon se trouvent pour leur part sur la trajectoire de Saint-Martin pour le premier, et de Rochechouart pour le second. Enfin, et ceci est capital, tous ces cratères auraient le même âge... On peut donc envisager une véritable pluie de météores. Avec un très gros bloc Rochechouart-Bizeneuille qui, en entrant dans l'atmosphère, va se casser en deux blocs jumeaux pratiquement jointifs de 15 kilomètres de diamètre chacun. Puis le bloc de Manicouagan et le bloc de Saint-Martin, lequel est suivi de près par Red Wing. Sans oublier les petits blocs satellites. Ces météorites seraient tombées à quelques minutes d'intervalle, formant une *catena* (du latin signifiant : chaîne).

Ce phénomène de pluie de grosses météorites n'est pas exceptionnel dans le Système solaire. Il existe des chaînes linéaires de cratères sur deux gros satellites de Jupiter, Ganymède et Callisto. Mais surtout, nous avons été témoins d'un cas magnifique observé par les télescopes du monde entier.

Le 24 mars 1993, les astronomes américains Eugene Shoemaker, Carolyn Shoemaker et David Levy découvraient une comète brisée en 21 morceaux. Tel un collier de perles dispersé sur plusieurs millions de kilomètres le long de son orbite, elle gravitait autour de Jupiter vers laquelle elle était irrésistiblement attirée. Cette occasion d'observer pour la première fois une collision majeure entre une comète et une planète mobilisa tous les moyens d'observation.

Entre le 16 juillet et le 22 juillet 1994, les fragments mesurant de 1 à 3 kilomètres sont entrés en collision avec l'atmosphère supérieure de Jupiter. Les impacts provoquèrent d'énormes cataclysmes chimiques et thermiques dans l'atmosphère jovienne, suivis presque en temps réel sur Internet par la communauté scientifique et les astronomes amateurs. Les images les plus spectaculaires furent celles en infrarouge, montrant l'embrasement de l'atmosphère de Jupiter lors des impacts et la formation de gigantesques champignons de plus de 3000 kilomètres d'altitude. Les répercussions de ces impacts ont été visibles sur Jupiter pendant presque toute une année après l'événement.

Des événements récurrents ?

Ainsi, des indices toujours plus nombreux s'accumulent en faveur d'une correspondance étroite entre extinctions massives et chutes de météorites géantes. Une telle conclusion ferait des grands impacts cosmiques un moteur de l'évolution. L'avènement des dinosaures serait le produit de la grande crise de la fin du Permien. De nombreuses niches écologiques occupées auparavant par d'autres espèces auraient été libérées et conquises par les dinosaures. De même, la disparition de ces géants à la fin du Crétacé a permis la multiplication des mammifères. Et nous, les hommes, nous ne serions sans doute pas apparus sans cette extinction de masse provoquée par un astéroïde dévastateur.

En 1986, les paléontologues David Raup et John Sepkoski ont attiré l'attention sur l'aspect quasi périodique des extinctions. On ne parle plus ici uniquement des cinq grandes dont il a été question plus haut, mais également de plusieurs extinctions de moindre importance, qui demeurent néanmoins des extinctions de masse. En compilant les fluctuations numériques des familles et des genres marins depuis le Permien, c'est-à-dire pour les derniers 285 millions d'années, ces chercheurs ont mis en évidence une périodicité de

26 millions d'années dans les extinctions. Il est difficile d'imaginer quel mécanisme au sein de notre planète fonctionnerait selon une cadence aussi régulière. C'est pourquoi ils ont suggéré de chercher dans l'espace un phénomène qui pourrait imprimer un tel rythme. Un certain nombre d'hypothèses ont été proposées, ayant toutes en commun un phénomène qui provoquerait des pluies de comètes.

On sait depuis longtemps que le Système solaire est entouré de milliards de comètes. Il s'est constitué à partir d'un immense nuage de gaz et de poussières interstellaires. Seul le centre s'est effondré pour engendrer le Soleil. Les parties proches du centre se sont aplaties pour former un disque dont sont nées les planètes. Une partie intermédiaire du nuage s'est aplatie en disque également, mais sans donner lieu à des agglomérations plus avancées que de gros cailloux. C'est la ceinture de Kuiper, récemment découverte, qui entoure le Système solaire au-delà de Pluton. Plus loin encore, on présume l'existence d'un énorme halo sphérique autour du Système solaire, que l'on a baptisé nuage de Oort. Il représente la partie extérieure de la nébuleuse initiale. Longtemps limité à l'orbite de Pluton, le Système solaire s'étend désormais 1000 fois plus loin. Le Soleil, petit comme un grain de poivre au milieu de Paris, est pourtant le grand ordonnateur de ce qui se passe jusqu'au périphérique. Miracle de la gravitation.

Des chercheurs ont émis l'hypothèse qu'une pluie de comètes a balayé le Système solaire interne voilà 35 millions d'années, au cours de la période géologique appelée Éocène, parce que la poussière issue de ces bolides cosmiques a laissé dans les sédiments marins une éloquente couche enrichie en hélium.

L'astroblème de Popigai, en Russie, et celui de la baie de Chesapeake, aux États-Unis, mesurant respectivement 100 et 90 kilomètres de diamètre, datent du même âge : 35,6 millions d'années. Ce furent les plus gros impacts depuis celui de Chicxulub qui avait décimé les dinosaures 30 millions d'années auparavant. Des impacts plus petits datent aussi de cette période, de même que des couches de minéraux choqués. En étudiant des roches des monts Apennins, en Italie, qui ont formé les sédiments marins de la fin de l'Éocène, des géochimistes ont trouvé des couches enrichies en hélium 3, un isotope rare sur Terre mais commun dans la poussière cosmique. Or, une quantité de poussière cinq fois supérieure à la normale s'est déposée à la surface de la Terre durant une période de 2,5 millions d'années encadrant les dates des cratères d'impact. L'augmentation et la diminution du flux de poussières ressemble fort à celui que produirait une pluie de comètes.

Mais qu'est-ce qui peut avoir provoqué cet afflux de comètes particulièrement nourri ? Selon certains modèles, le passage d'une étoile au voisinage du Soleil pourrait perturber le vaste nuage de comètes qui englobe le Système solaire et enverrait des millions de ces vagabondes glacées en direction du Soleil, donc de la Terre. Toutefois, la dynamique du Système solaire est trop mal connue pour écarter l'hypothèse de débris venant plutôt de la ceinture d'astéroïdes.

Petites fins du monde

D'innombrables mythes, provenant aussi bien de l'Antiquité biblique, orientale, grecque et romaine que des Mayas, hindous, Sibériens, Chinois ou Scandinaves, décrivent une apocalypse par le feu. L'idée que le monde est périodiquement dévasté par des catastrophes est déjà présente dans le *Timée* de Platon. Dans les premiers âges du christianisme, c'est au feu que revient le plus souvent l'apocalypse finale.

Composés entre le IIe et le IIIe siècle de notre ère, les *Oracles prophétiques* sont fortement imprégnés de la lecture de l'*Apocalypse de Jean*. Bûcher ardent, mer en flammes, chute des cieux et des étoiles, cendre et ténèbres : tel est le destin qui nous est promis. On y trouve aussi l'idée paradoxale selon laquelle la fin du monde dans une flambée gigantesque est une perspective attirante. Dans l'inconscient, le feu ne détruit pas vraiment, mais purifie, transforme et renouvelle. N'est-ce pas grâce à la boule de feu qui a anéanti l'espèce dominante des dinosaures voici 65 millions d'années que le timide rameau des mammifères a pu se développer, et que nous sommes là aujourd'hui, fruits lointains de cette apocalypse ignée ? L'apocalypse aurait du bon...

Chaud et froid

Entre l'énorme cataclysme qui a décimé les trois quarts des espèces vivantes à la fin du Crétacé et la petite collision qui a dévasté une forêt de Sibérie en 1908 se sont produits de nombreux événements intermédiaires, qui ont assurément été à l'origine de certaines modifications spectaculaires du climat. Le réchauffement brutal de la fin de la dernière période glaciaire pourrait bien avoir été causé par la chute d'une météorite dans l'océan, la vapeur d'eau dégagée par un tel choc entraînant une augmentation de l'effet de serre (un choc sur un continent entraîne au contraire un refroidissement). Mais un tel choc cause aussi un énorme raz-de-marée, capable d'anéantir totalement une civilisation insulaire, comme celle de l'Atlantide.

Dans *Critias*, une œuvre composée en l'an 355 av. J.-C., Platon fait pour la première fois référence à l'Atlantide, une cité fabuleuse qui aurait été engloutie par la mer 9000 ans auparavant. Au-delà de sa dimension idéologique, *Critias* décrit une affabulation dont le fondement est peut-être réel. Historiens, archéologues et philosophes qui se sont penchés sur le problème ont proposé plusieurs lieux hypothétiques pour situer l'Atlantide. La civilisation atlante dont parle Platon serait inspirée par la civilisation minoenne, originaire de Crète. À l'est d'Athènes, l'île volcanique de Santorin, dans l'archipel des Cyclades, fut dévastée par une éruption vers 1650 av. J.-C. La population prit la fuite vers la Crète, mais les raz-de-marée qui s'ensuivirent mirent toute la flotte crétoise en déroute et contribuèrent à la chute de cette civilisation. La comparaison avec l'Atlantide est tentante, surtout depuis la découverte en 1970 des vestiges d'Akrotiri, une cité minoenne mise au jour sur le versant nord de l'ancien cratère.

Deux objections viennent contredire cette hypothèse : selon Platon, la disparition de l'Atlantide se serait produite 7500 ans avant la catastrophe de Santorin. De plus, elle se situait bien plus loin à l'ouest d'Athènes, au-delà des colonnes d'Hercule (le détroit de Gibraltar). Son nom est tiré de l'Atlas, la chaîne de montagnes qui sillonne le nord-ouest de l'Afrique, au Maroc, une région où la mythologie situe également le jardin des Hespérides, domaine des morts.

Des recherches archéologiques ont été menées aux Açores et tout le long de la dorsale médio-atlantique. En vain. Le socle continental qui existe dans cette partie du globe n'a subi aucune modification au cours du dernier million d'années. C'est l'archipel des Bahamas qui, au dire de certains chercheurs, fait aujourd'hui figure de favori pour les restes émergés du continent englouti.

La date de la fin de l'Atlantide est étonnante en soi, puisqu'il s'agit précisément de la fin de la dernière période glaciaire. Le réchauffement climatique avait débuté plusieurs milliers d'années auparavant, mais il s'est brusquement accéléré, précisément aux environs de 9500 av. J.-C., atteignant une amplitude de cinq degrés en quelques dizaines d'années. Le niveau des océans est alors monté de plus de 100 mètres, engloutissant de nombreuses contrées. Cette élévation du niveau des eaux a été graduelle, mais il est très possible qu'un événement catastrophique en ait été à l'origine.

La périodicité des ères glaciaires et interglaciaires est assez bien expliquée par la théorie astronomique de Milankovitch, qui fait intervenir les variations de l'orbite terrestre, mais le passage rapide de l'une à l'autre reste énigmatique. En fait, il semble qu'à certaines époques le climat terrestre soit particulièrement instable, pouvant basculer très rapidement d'une période froide à une période chaude, un événement assez modéré étant le petit coup de pouce suffisant. Cela pourrait avoir été la chute d'une météorite : les géologues et les historiens sont très réticents à faire intervenir de tels événements dans l'histoire de la Terre ou des hommes, mais les astronomes sont en revanche certains qu'il y a eu de telles influences, cas typique de manque de communication entre différents domaines de la science !

L'affaire Velikovsky

Le monde fut stupéfait en 1950 à la publication du livre d'Immanuel Velikovsky, *Mondes en collision*. Pour ce psychiatre d'origine russe, ami de longue date d'Albert Einstein, l'histoire de l'humanité était jalonnée de catastrophes naturelles d'origine cosmique qui éclairaient d'un jour nouveau nombre de grands mythes du passé, comme les plaies d'Égypte et le Déluge. Velikovsky parlait beaucoup de collisions manquées de peu avec des comètes, et faisait notamment l'hypothèse que Vénus avait été arrachée à Jupiter pour devenir une énorme comète qui avait failli heurter Mars puis la Terre, avant de devenir planète. Au passage, elle aurait engendré une période d'apocalypse juste avant le début de la mémoire humaine. Pour Velikovsky, l'Exode fut une conséquence du passage de Vénus qui s'accompagna de chutes de feu et de cendres, de mers bouillantes, d'essaims de mouches et de populations terrorisées.

Son livre, fruit baroque de dix années d'études d'anciens manuscrits, de mythes et de religions des civilisations passées tout autour du globe, y compris et surtout de l'Ancien Testament, se vendit à des millions d'exemplaires et souleva immédiatement la colère des astronomes, qui clamaient (à juste titre) que Vénus n'avait jamais pu être une comète. Cette thèse violait les lois de la physique et de la planétologie. Des scientifiques, arguant qu'une maison d'édition respectable ne pouvait pas se permettre de faire passer des livres sur les mythes pour de la science, forcèrent l'éditeur MacMillan à retirer la publication du texte de Velikovsky, et à en vendre les droits à l'éditeur «populaire» Doubleday (qui du coup fit fortune). Le magazine *Time* alla jusqu'à supprimer toute référence à l'ouvrage de Velikovsky dans la liste annuelle des meilleures ventes! L'establishment scientifique peut aller très loin dans ses croisades rationalistes.

Velikovsky s'appuyait sur l'interprétation littérale des mythes recensés dans le monde entier pour expliquer les soubresauts de l'histoire humaine par les catastrophes naturelles. Son seul tort fut d'en dresser la liste sans autre forme de procès. Les scientifiques, eux, se mettent d'abord en quête de preuves, d'évidences matérielles qui témoignent d'un cataclysme, lequel sera éventuellement mis en relation avec des événements connus par d'autres biais, dans certains cas les témoignages anciens. Les deux approches ne sont pas incompatibles, mais la première ne se conçoit pas sans la deuxième.

Pour ma part, je n'ai aucune honte à dire que la lecture du livre hérétique de Velikovsky, lorsque j'étais adolescent, a puissamment contribué à ma vocation d'astrophysicien !

Hérétique, Velikovsky, et pourtant... Des chercheurs on ne peut plus sérieux ont étudié les collisions cosmiques non cataclysmiques, et ont fait l'hypothèse d'un impact moyen survenu il y a 4 200 ans, coïncidant avec des manifestations historiques exceptionnelles autant en Amérique du Sud qu'en Afrique équatoriale, dans le bassin méditerranéen et en Asie occidentale. Celles-ci étaient généralement attribuées à un changement climatique, ou bien à une dégradation des sols due aux débuts de l'agriculture. Or, les données collectées réfutent l'hypothèse d'un phénomène d'origine humaine et confirment l'abrupt changement de climat, qui pourrait être directement relié à un phénomène cosmique. En effet, il coïncide avec une abondance de sphérules inhabituelles dans des couches stratigraphiques contemporaines, qui conduit à envisager l'hypothèse d'un impact. Parallèlement à cela, on a découvert des acides aminés d'origine extraterrestre dans un forage de la calotte glaciaire groenlandaise (expérience GISP 2), correspondant à une date comprise entre 4270 et 4440 av. J.-C. Ces molécules pourraient constituer les traces de l'explosion d'une petite comète ou d'un astéroïde carboné d'environ 1 kilomètre de diamètre.

PARTIE IV

À LA RECHERCHE DES PETITS CORPS

Le «sentiment» historique s'inscrit d'abord et avant tout dans des échelles de temps et d'espace qui peuvent affecter une vie humaine – éventuellement une nation. L'échelle cosmique, celle qui montre la Terre comme une boule à la dérive dans l'immensité du vide – pas si vide d'ailleurs –, n'est pas vraiment la plus naturelle. Seuls les astrophysiciens, à force de n'étudier que cela, peuvent raisonner immédiatement en termes d'espace lorsqu'ils se penchent au sol. Puisque la Terre n'est, *in fine*, qu'un condensat de matière interstellaire, tout ce qu'elle exhibe parle du ciel. Son noyau, son manteau, sa croûte, son eau, son atmosphère, ses cicatrices, ses apocalypses, tout, absolument tout, est venu du ciel.

Remontons donc là-haut pour voir ce qui se passe. La Terre se promène dans un vaste stand de tir cosmique. Des millions de projectiles potentiels, vestiges du Système solaire naissant qui n'ont jamais pu s'assembler pour former de grosses planètes, sillonnent l'espace à des vitesses de plusieurs dizaines de kilomètres par seconde. La plupart, bénins, sont des grains de la taille d'une poussière; d'autres – les astéroïdes – sont des cailloux rocheux ou métalliques de la grosseur d'une montagne; d'autres encore – les comètes – sont des boules de glace qui fondent (sur nous) sans crier gare.

1

Le Centre des petites planètes

La nuit du nouvel an 1801, Giuseppe Piazzi, moine sicilien et directeur de l'observatoire de Palerme, remarque un fait étrange : un astre ne figurant pas sur son planisphère céleste brille dans la constellation du Taureau. Non seulement l'astre n'est pas répertorié, mais il se déplace. Piazzi pense avoir détecté une nouvelle comète ; pourtant, en suivant la trajectoire de l'objet au cours des semaines suivantes, il observe que son image est plus brillante et sa progression plus lente que celles d'une comète typique.

En réalité, Piazzi vient de découvrir une nouvelle planète ! Il la baptise Cérès Ferdinandea, en l'honneur de la déesse tutélaire de la Sicile, Cérès, et de son roi de l'époque, Ferdinand. Les autres astronomes, ne voyant guère d'un bon œil qu'un astre porte le nom d'un souverain régnant, abrègent la désignation en Cérès.

Quelques mois plus tard, un mathématicien allemand de génie à peine âgé de 24 ans, Carl Friedrich Gauss, s'empare du problème de l'orbite de Cérès comme d'un défi divertissant. Utilisant les maigres données fournies par Piazzi, Gauss reconstitue l'orbite complète de Cérès. En novembre, il annonce que la nouvelle planète gravite autour du Soleil entre Mars et Jupiter, à une distance moyenne de 415 millions de kilomètres (soit 2,77 fois la distance Terre-Soleil), détermine l'excentricité de l'orbite (l'excentricité mesure l'écart de forme entre une ellipse et un cercle parfait; elle vaut 0 pour le cercle et tend vers 1 pour les ellipses de plus en plus allongées) et son inclinaison sur le plan de l'écliptique (le plan déterminé par l'orbite terrestre). Quand, plus tard, les astronomes pointent leurs télescopes en se référant aux calculs de Gauss, ils trouvent Cérès exactement à l'endroit prévu. Une nouvelle planète existe bel et bien. Mais, compte tenu de son faible éclat, Cérès ne doit pas dépasser 1000 kilomètres de diamètre. C'est une « petite planète ».

Recensement

Peu après, les astronomes découvrent que la petite planète est entourée de quelques compagnes de voyage: Pallas, Junon et Vesta, la plus brillante de toutes. Après 1807, aucune autre n'est détectée pendant trente-huit ans.

Il fallait avoir sérieusement ausculté le ciel et répertorié des milliers d'étoiles pour s'apercevoir que certains des points lumineux les plus infimes ne sont précisément pas des étoiles, mais des objets nomades. Les grosses planètes, elles, brillaient comme des phares et s'étaient signalées depuis longtemps par leurs courses différentes du reste du ciel. Mais ces avortons de planète allaient leur petit bonhomme de chemin sans que personne les ait jamais détectés.

Foi d'astronome, ces petits corps célestes ne sont pas vraiment des planètes dignes de ce nom. Malingres et coincés entre deux géants, ce ne sont que des fragments, les restes d'un rêve avorté. L'Anglais William Herschel suggère de les nommer officiellement *astéroïdes* – ce qui signifie « semblable à une étoile », en référence à leur aspect anodin dans le ciel, pour un œil non averti. Le terme de *planète télescopique* restera en usage quelque temps, et celui de *petite planète* (en anglais : *Minor Planet*) est toujours en vigueur.

Hermann Goldschmidt, artiste allemand vivant à Paris, achève en 1852 un portrait de Galilée. Peu après, il se rend à une conférence publique d'astronomie donnée par Urbain Joseph Le Verrier, le célèbre découvreur de la planète Neptune. Goldschmidt est tellement captivé qu'avec l'argent de la vente du portrait de Galilée il achète chez un brocanteur une lunette de 5 centimètres et un assortiment de cartes célestes. Depuis la fenêtre de son logement, au-dessus du café Procope, il découvre la petite planète n° 21, qu'il nomme... Lutèce. Il en découvrira treize autres dans la foulée.

Pendant que Goldschmidt et d'autres amateurs enthousiastes s'emploient à recenser les membres de cette populeuse famille, les professionnels s'aperçoivent que toutes les orbites des astéroïdes se regroupent dans un *tore*, sorte de tube plat en forme de chambre à air, gravitant entre Mars et Jupiter. Dans ce volume, aujourd'hui appelé *ceinture principale d'astéroïdes*, les petites planètes tournent autour du Soleil comme les fils entrelacés d'un énorme écheveau de laine.

En 1891, Maximilian Wolf, directeur de l'observatoire de Heidelberg (Allemagne), entreprend d'observer la ceinture d'astéroïdes à l'aide d'un télescope équipé d'un appareil photographique. Cette innovation permet de mettre au jour une véritable fournée de nouveaux petits corps.

La méthode de Wolf repose sur la capture de la lumière par des plaques photo exposées durant au moins une heure. Une minuterie fait tourner le télescope et son appareil photo en synchronisation avec la rotation terrestre, de sorte que toutes les étoiles semblent rester fixes et se réduisent à un seul point lumineux. Comme un astéroïde, lui, se déplace par rapport aux lointaines étoiles de fond, il se révèle, au bout d'une heure d'exposition, sous la forme d'un tiret brillant.

Cette technique a changé la prospection du tout au tout. Imaginez le travail avant cela: l'œil rivé au télescope pour identifier chaque petit point lumineux en relation avec une carte du ciel. Désormais, c'est la plaque photographique qui fait tout le travail en se comportant comme un tamis. Tous les points fixes sont des étoiles, toutes les traînées brillantes sont des astéroïdes. La récolte devient simple comme bonjour. Enfin presque. Les astronomes doivent distinguer entre les pointes d'épingles laissées par les étoiles, les rayures tracées par une petite planète traversant le ciel, et les défauts d'émulsion des plaques photo.

En quarante et un ans d'étude, Wolf découvre le grandiose total de 231 astéroïdes.

Entre 1801 et 1890, les découvertes d'astéroïdes (un peu plus de 300) ont été visuelles, grâce aux remarquables observateurs qu'étaient les chasseurs d'astéroïdes. Ensuite, pendant un siècle, les découvertes (environ 20000) ont été photographiques, et le fait de professionnels pour la majorité. Entre 1970 et 1988, le nombre de découvertes a grimpé à 700 par an en moyenne.

Depuis 1990, les trouvailles sont devenues électroniques, et sont dues à deux catégories « d'inventeurs ». La première est composée d'astronomes qui utilisent des caméras CCD (détecteurs électroniques beaucoup plus sensibles aux photons que les plaques photographiques). Les autres découvertes sont le fait de caméras automatiques utilisées par des programmes spécialisés. L'un des plus réputés, Linear, est un héritier direct des satellites espions américains. Depuis 1997, il a permis de passer à la vitesse supérieure, avec la découverte de dizaines de milliers d'astéroïdes chaque année. Plus de 100000 astéroïdes différents sont aujourd'hui repérés, parmi lesquels la moitié environ ont une orbite calculée et un peu plus de 10000 seulement sont numérotés. L'avenir s'annonce difficile à gérer, car ce sont des millions d'objets différents qui sont potentiellement observables avec les moyens actuels.

Il existe un institut, créé en 1947, qui est chargé d'administrer l'information sur les astéroïdes. Le Centre des petites planètes a pour mission de conserver la trace de ces myriades de petits corps. Il sert aussi de centre d'informations, consignant par exemple les orbites des nouveaux astéroïdes, et d'arbitre dans les disputes sur la nomenclature et la classification.

Nomenclature

Lorsqu'un nouvel astéroïde est détecté sur un cliché, une désignation provisoire lui est attribuée, composée du millésime de l'année suivi de deux lettres: la première désigne la quinzaine de l'année (26 lettres pour 26 quinzaines), la seconde l'ordre de découverte dans la quinzaine. Par exemple, les astéroïdes découverts dans la deuxième quinzaine de janvier 2012 ont successivement été désignés par 2012 BA, 2012 BB, etc.

Après la détermination des éléments orbitaux, on attend une deuxième observation pour confirmer l'existence du petit corps. L'Union astronomique internationale (UAI) lui attribue un numéro matricule, lequel indique l'ordre de découverte des objets. C'est alors seulement que son découvreur peut proposer un nom de son choix. C'est ainsi que les astéroïdes se nomment 1 Cérès, 4 Vesta, 107 Camilla, 451 Patientia, etc.

La nomenclature des astéroïdes a sans cesse évolué depuis la tentative ratée de Piazzi d'ajouter à Cérès le nom du roi Ferdinand. Les quelques dizaines d'astéroïdes suivants furent baptisés du nom des dieux et déesses de l'Antiquité grecque et romaine. Quand ce panthéon fut épuisé, il fallut trouver autre chose. À la fin du XXe siècle, après que des milliers d'astéroïdes eurent été découverts, nombre de restrictions disparurent. Les petites planètes furent baptisées de noms de fleurs (Azalea, Tulipa, Petunia), d'épouses d'astronomes, de personnages politiques (Karl Marx, Evita), d'écrivains (Tchekov, Tolkien, Mark Twain), de compositeurs (Bach, Beethoven, Tchaïkovski), d'inventeurs (Braille), de héros de feuilletons télévisés de science-fiction (Mr. Spock), de vedettes de rock (John, Paul, George et Ringo) et même d'un ordinateur (Norc) et d'une compagnie aérienne (Swissair).

Le Centre des petites planètes a retenu le principe que les découvreurs peuvent choisir n'importe quel nom, à partir du moment où il n'est pas obscène et où l'orbite de l'astéroïde a été correctement établie par trois passages.

Entre 1989 et 2000, à l'observatoire de la Côte d'Azur, près de Nice, les chasseurs d'astéroïdes en ont débusqué plusieurs centaines. Le plus célèbre, 1989AC, repéré le 4 janvier 1989, a été rebaptisé Toutatis, dieu de la guerre chez les Gaulois (qui, comme chacun sait, craignaient que le ciel ne leur tombe sur la tête). De fait, Toutatis a frôlé la Terre le 29 septembre 2004. À 1 556 000 kilomètres de distance à peine, il fut alors facilement observable par les amateurs. Il est revenu le 9 novembre 2008, mais se trouvait alors éloigné de 7,5 millions de kilomètres. Son prochain passage aura lieu le 12 décembre 2012, à une distance sans danger de 7 millions de kilomètres. La particularité de cet astéroïde tient dans ses passages relativement fréquents (tous les quatre ans) dans les parages de la Terre, qui peuvent faire craindre que sa trajectoire ne soit modifiée par les perturbations gravitationnelles que cela engendre, et rendent par conséquent très aléatoires les prévisions à son sujet. Sa trajectoire précise ne peut plus être prédite au-delà d'un horizon de cinquante ans !

Le 15 juin 1999, j'ai reçu le message suivant de la part d'Antonella Barucci, qui compte parmi les experts mondiaux de la recherche sur les petits corps :

> *« Luminet 5523 : Jean-Pierre Luminet, French astrophycist*
> *(5523) Luminet = 1991 PH8.*
> *Discovered 1991 Aug. 5 by H. E. Holt at Palomar Mountain Observatory.*
> *Named in honor of Jean-Pierre Luminet (b. 1951), French researcher at Paris Observatory. Luminet specializes in general relativity and its applications to cosmology and astrophysics. He was the first to numerically visualize accretion disks around black holes, and discovered the phenomenon of "crêpe stellaire", which causes the crushing of stars by the tidal forces of giant black holes. In cosmology, Luminet proposed a series of models of "univers chiffonné", in which complex topologies create ghost images. He is deeply involved in science outreach, both by publishing popular-level books and as a TV broadcaster. Name suggested and citation prepared by M. A. Barucci.*
> Cette citation va être publiée dans les *Minor Planets Circulars* du 28 juillet 1999.
> Amitiés, Antonella »

Une montée au ciel qui, pour une fois, a lieu du vivant de l'élu, me suis-je dit. Pas de quoi pavoiser quand même. Compte tenu de son numéro d'ordre, la taille de 5523 Luminet avoisine les 12 kilomètres (les premiers astéroïdes à avoir été découverts et numérotés sont forcément les plus gros, étant les plus brillants). Il gravite à un peu plus de 400 millions de kilomètres du Soleil. Qu'on ne s'étonne pas alors qu'il en réfléchisse si peu la lumière. Son éclat, que les astronomes nomment *magnitude visuelle*, est de 17,7. En termes imagés, c'est celui d'une bougie allumée à 2500 kilomètres de distance.

En outre, ce n'est même pas un titre de propriété, ce qui est bien regrettable au vu de ce que l'on pourrait en tirer en ressources minières, comme nous le verrons...

Ceinture principale

Quand on a affaire à une très nombreuse famille, il peut s'avérer utile de trier les frères, les sœurs, les cousins, les branches principales et collatérales. C'est le cas avec les astéroïdes. On peut les classer par position et par composition. Position par rapport au Soleil et composition chimique.

La plupart des petites planètes peuplent le fossé de 560 millions de kilomètres qui sépare les orbites de Mars, planète rocheuse, et de Jupiter, géante gazeuse. C'est précisément la gravité puissante de cette dernière qui, lors de la formation du Système solaire, a empêché les planétoïdes de s'assembler en un grand corps.

Cette ceinture principale d'astéroïdes abrite des millions de corps rocheux qui gravitent sur des orbites légèrement elliptiques et de faible inclinaison, tournent dans le même sens que les planètes et mettent entre trois et six ans pour accomplir une révolution.

Gardons en tête que la masse totale de tous les astéroïdes de la ceinture principale ne dépasse pas celle de la Lune. Le plus gros est Cérès, avec un diamètre de 933 kilomètres. Il représente à lui seul le quart de la masse de toute la famille. Les autres mastodontes sont Pallas, Vesta et Hygiea. Vingt-six astéroïdes ont plus de 200 kilomètres de diamètre, et 5000 environ plus de 13 kilomètres.

Notre recensement des plus gros est relativement complet : nous connaissons probablement tous les astéroïdes de plus de 100 kilomètres de diamètre. De ceux qui font entre 10 et 100 kilomètres, plus de la moitié est cataloguée. Mais nous connaissons peu les plus petits. Selon les dernières données de l'observatoire spatial infrarouge de l'ESA, le nombre de corps de plus de 1 kilomètre de diamètre qui gravitent dans la ceinture principale d'astéroïdes est compris entre 1,1 et 1,9 million. Pour l'instant, 520000 ont été recensés.

En 1866, l'astronome Daniel Kirkwood avait découvert que certaines trajectoires de la ceinture principale étaient inoccupées. Autrement dit, il existe des distances interdites : les astéroïdes ne peuvent pas y orbiter. Ces trous, appelés *lacunes de Kirkwood*, correspondent à des zones où la puissante attraction gravitationnelle de Jupiter perturbe tellement le mouvement orbital des astéroïdes qu'elle les chasse vers des ellipses plus excentriques, ce qui finit par les soumettre à des perturbations encore plus grandes. Ils quittent alors le troupeau bien confiné de la ceinture principale et s'aventurent soit dans les régions plus externes du Système solaire, soit dans les régions plus internes. C'est la raison pour laquelle d'autres familles de petits corps suivent des trajectoires très à l'écart de la ceinture principale. Certaines voguent plus loin du Soleil : les Grecs et les Troyens, ainsi que les Centaures. D'autres prennent des orbites plus serrées et allongées qui croisent la trajectoire de Mars, voire celle de la Terre.

Astéroïdes lointains

Au-delà de la ceinture principale, deux groupes voguent de conserve avec Jupiter, sur la même orbite que la planète géante : les Grecs et les Troyens, dont les membres sont nommés d'après les héros de *L'Iliade* d'Homère. Les Grecs précèdent la planète sur son orbite autour du Soleil, les Troyens la suivent.

Chacun de ces deux groupes peut rester stationnaire parce qu'il oscille autour d'un *point de Lagrange* – position fixe de l'espace où la gravité de la planète géante est contrebalancée par les attractions gravitationnelles des autres corps du Système solaire. Ces points dynamiquement stables forment avec Jupiter et le Soleil deux triangles équilatéraux. Pour ceux qui ont oublié la géométrie élémentaire, je rappelle qu'un triangle équilatéral possède trois côtés égaux, et donc trois angles égaux, de

60° chacun. Pour nos astéroïdes de *L'Iliade*, cela signifie qu'ils sont à égale distance de Jupiter et du Soleil, c'est-à-dire 778 millions de kilomètres, sur l'orbite de la planète géante, à 60° de part et d'autre – ce qui ne constitue finalement pas une garde très rapprochée. Le groupe des Grecs, conduit par Achille (diamètre 147 km), ouvre l'escorte, le groupe des Troyens, conduit par Patrocle (149 km), la ferme. Semblables à des captifs enchaînés, ces astéroïdes ne peuvent se détacher de ces positions d'équilibre gravitationnel, ce qui leur évite de rentrer en collision avec Jupiter.

Environ cinq cents d'entre eux sont répertoriés, mais on estime qu'il y en aurait plus du double. Les Grecs sont d'ailleurs plus nombreux que les Troyens (rappelons-nous que chez Homère ils ont gagné la guerre), et ils ont un géant, Hector, à la forme bien particulière : cet objet allongé de 150 kilomètres sur 300 semble formé de deux astéroïdes accolés.

Il existe aussi un petit nombre d'astéroïdes glacés, appelés Centaures, qui gravitent dans la partie externe du Système solaire. Large de 400 kilomètres, 2060 Chiron – découvert en 1977 – ne s'approche pas plus près que l'orbite de Saturne, et à l'aphélie (distance maximale) regagne les parages d'Uranus ; l'orbite de 5335 Damoclès n'est pas vraiment suspendue au-dessus de nos têtes comme l'épée légendaire du même nom : elle commence près de Mars, et s'aventure au-delà d'Uranus ; 5145 Pholus oscille entre Jupiter et Neptune. Il y en a probablement beaucoup d'autres, mais de telles orbites croisant celles des planètes géantes sont instables, et hautement susceptibles d'être dérangées.

Les Centaures semblent être des objets très primitifs, riches en matériaux organiques et en glaces. Leur composition est donc plus proche de celle des comètes que de celle des astéroïdes ordinaires. En particulier, Chiron est considéré maintenant comme une comète défunte. D'ailleurs, astéroïdes et comètes, loin de former deux populations bien distinctes, ont des liens très étroits.

Seconde ceinture et nuage

Parmi ces cousins éloignés, deux autres familles de petits corps situées encore plus loin du Soleil sont bien plus populeuses que leur petite sœur confinée entre Mars et Jupiter : la ceinture de Kuiper et le nuage de Oort.

La ceinture de Kuiper s'étend au-delà de l'orbite de Neptune, à une distance comprise entre 30 et 55 fois la distance Terre-Soleil. Les corps qui la constituent sont dits *transneptuniens*. L'existence de cette famille a été prédite par Gerard Kuiper, en 1951, pour expliquer l'origine des comètes à courte période. La première observation d'un objet transneptunien n'a été faite qu'en 1992. Nommé 1992 QB1 et numéroté 15760 au titre d'astéroïde, ce corps obscur orbite à une distance moyenne de 6,6 milliards de kilomètres (44 fois la distance Terre-Soleil).

Depuis, plus de 1000 objets ont été découverts dans la ceinture de Kuiper. Mais selon les dernières estimations, 100 millions d'objets de diamètre supérieur à 10 kilomètres pourraient exister dans ce disque, qui s'étend dans le plan du système planétaire. Ces corps, composés de glaces et de roches, s'apparentent davantage aux comètes qu'aux secs cailloux de la ceinture principale. Ils sont censés constituer le réservoir des comètes à courte période. La plupart des comètes aux périodes de moins de 200 ans sont en effet formées à partir de fragments qui proviennent de collisions entre des corps de la ceinture de Kuiper. Celle-ci, à l'abri des effets de la chaleur du Soleil et des modifications chimiques que notre étoile peut provoquer, est donc un site archéologique parfait pour les historiens du Système solaire.

La ceinture de Kuiper contiendrait aussi ses géants : plus de 70000 corps de plus de 100 kilomètres de diamètre. Et parmi eux, des objets suffisamment gros pour mériter le nom de *planètes naines* : Quaoar, découvert en 2002, mesure 1280 kilomètres de diamètre ; Makemake et Hauméa, découverts simultanément en 2005, atteignent les 2000 kilomètres et possèdent des satellites. Autrement dit, ils ressemblent fortement au couple Pluton-Charon. Mais alors, font-ils office des fameuses dixième, onzième, etc., planètes si activement recherchées au-delà de Pluton ? La question est complexe.

En effet, dans la petite tribu des neuf planètes connues dans le Système solaire depuis 1930, Pluton jouait bande à part. Petite et rocheuse, elle est très éloignée du Soleil. Elle paraît un peu chétive pour figurer comme planète, et elle perturbe l'harmonie du bel alignement : quatre rocheuses, quatre gazeuses, et puis crac, encore une rocheuse qui pointe son nez. Mais pour entrer dans la catégorie des astéroïdes, elle est excessivement dodue. S'agit-il d'un satellite de Neptune qui s'est échappé ? En tout cas leurs trajectoires se croisent, Pluton étant par moments plus proche du Soleil que Neptune, du fait de son orbite très elliptique. Quoi qu'il en soit, il s'agit d'une infiltrée qui a réussi à se faire passer quelque temps pour une planète, alors qu'elle n'est qu'un gros caillou glacé, comme il y en a des milliers à cette distance du Soleil. La polémique a éclaté avec la découverte en 2003, au-delà de Pluton, d'un corps plus gros que lui, baptisé Eris, et qui se portait donc candidat au titre de dixième planète. Fallait-il accepter Eris, une planète de plus, ou rétrograder Pluton au rang de petit corps glacé ? Tout dépend de ce que l'on appelle planète. La définition même de cette catégorie est alors entrée en crise.

Contrairement à un penchant naturel de l'esprit humain, la nature ne fait pas de catégories ; elle fait des cailloux, plus ou moins gros. Nous éprouvons le besoin d'appeler certains « planètes », certains autres « astéroïdes » ou « comètes », parce que nous avons noté certaines distinctions. Puis survient un objet qui semble à la limite, et nous voilà obligés d'assouplir nos définitions.

Les astronomes réunis en assemblée générale en août 2006 ont tranché, par un vote à main levée, en faveur d'une définition plus restrictive. Est une planète tout corps gravitant autour du Soleil, qui est sphérique *et* qui a dégagé le voisinage autour de son orbite, ce qui n'est pas le cas de Pluton, ni de Cérès ou Eris. Ces trois corps inaugurent dès lors une nouvelle catégorie créée pour l'occasion, celle des *planètes naines*, intermédiaire entre les planètes et les autres petits corps du Système solaire.

Ainsi, avec ses 2300 kilomètres de diamètre, Pluton est devenu le membre le plus volumineux de la lâche ceinture de Kuiper. Mais Eris, environ 27 % plus grand, et Triton (17 % plus gros), un satellite de Neptune capturé, bien que situés en dehors de la ceinture de Kuiper, pourraient en être issus.

Enfin, aux véritables confins du Système solaire, se trouve la plus vaste famille de petits corps glacés : le nuage de Oort, nommé d'après l'astronome danois Jan Hendrik Oort, qui en a proposé l'existence en 1950 pour expliquer l'origine des comètes à longue période. Contrairement à la ceinture de Kuiper, le nuage de Oort aurait la forme d'un halo sphérique épais entourant de toutes parts le Système solaire, et qui en marque d'ailleurs la frontière physique. Il commencerait 1000 fois plus loin que l'orbite de Pluton, et s'étendrait jusqu'à deux années-lumière de distance, soit 20000 milliards de kilomètres.

Les astronomes estiment que le nuage doit abriter 6000 milliards de corps – autant de comètes potentielles ! Si on appliquait la meilleure évaluation pour la masse moyenne d'une comète – environ 40 milliards de tonnes –, la masse totale des petits corps dans le nuage de Oort serait d'environ 40 fois celle de la Terre –, ce qui, somme toute, n'est pas énorme et en tout état de cause reste négligeable au regard de l'imposante masse de la reine des planètes, Jupiter.

Les comètes visibles ici-bas sont des noyaux éjectés du nuage de Oort et propulsés vers l'intérieur du Système solaire à la suite de perturbations orbitales. Leurs glaces se subliment en chauffant à l'approche du

Soleil et forment une queue plus ou moins lumineuse, très étendue.

Le jeu de la bille

Tous ces millions et milliards de kilomètres donnent le tournis. Ou alors ils agacent, car notre entendement ne parvient pas à en prendre la mesure. Alors réduisons le Soleil à une bille d'écolier de 1 centimètre de diamètre, et reformatons le Système solaire afin de le rendre plus familier.

La Terre a la taille d'un grain de sable tournant en cercle à 1 mètre, Mars est un autre grain à 1,50 mètre, Jupiter à 5 mètres, tandis qu'entre les deux voltige une nuée de poussières, les astéroïdes. Une nouvelle poignée de grains de sable jusqu'à Neptune et Pluton, à 40 mètres. Tout cela dans un même plan.

Pendant longtemps on a cru que le Système solaire se limitait à cela : une bille centrale qui rassemble 99 % de la masse totale et une dizaine de grains de sable qui s'échelonnent jusqu'à 40 mètres. Mais on vient de le voir, il faut y ajouter d'abord la ceinture de Kuiper, qui double la taille jusqu'à 80 mètres, et ensuite le nuage de Oort, halo de milliards et de milliards de poussières, qui s'étend jusqu'à une distance de 150 kilomètres. Oui, vous avez bien lu : 150 kilomètres. Voilà la véritable zone d'influence gravitationnelle de cette petite bille centrale de 1 centimètre, reine en son royaume de gravité.

Quant à l'étoile la plus proche, elle est à 300 kilomètres. C'est Proxima du Centaure, autre petite bille de 1 centimètre gouvernant son propre royaume. Les distances interstellaires sont réellement gigantesques en regard des dimensions des étoiles.

2

Astéroïdes, comètes ou lunes ?

Le point de la situation

Les comètes et les astéroïdes sont, avec les satellites des diverses planètes, les principaux petits corps du Système solaire.

Nous l'avons dit précédemment, une comète est un gros morceau de glace amalgamée de poussière et de débris rocheux d'une taille de l'ordre du kilomètre. La source supposée des comètes à longue période est le nuage de Oort, la coquille sphérique de débris congelés située à la limite extrême de l'influence gravitationnelle du Soleil, à mi-chemin de la plus proche étoile. On pense que lorsque le nuage est perturbé par nos étoiles voisines, des comètes peuvent être projetées dans une orbite solaire. La taille et la structure du nuage de Oort ont été déduites des études statistiques sur les orbites de comètes (on en connaît environ 1 000), mais il n'existe aucune preuve directe de l'existence du nuage. Les objets qui le composent sont trop petits et trop sombres pour pouvoir être observés.

Les astéroïdes, eux, sont des corps rocheux dont la plupart gravitent autour du Soleil dans la ceinture principale comprise entre les orbites de Mars et de Jupiter. Nous venons de voir que quelques astéroïdes sont placés sur l'orbite de Jupiter, et que d'autres caracolent au-delà de l'orbite de Neptune.

Jusqu'alors, les astronomes avaient classé les comètes et les astéroïdes en familles distinctes, ayant connu des histoires différentes et de compositions chimiques différentes, mais deux types de données récentes effacent la frontière conceptuelle entre ces deux groupes :

1) Les comètes, constituées de neige congelée mêlée à des poussières et des roches, ont une densité de 1 gramme par centimètre cube environ. Or, certaines comètes sont moins denses. On a vu se casser des comètes soumises aux forces de marée engendrées par le Soleil ou par Jupiter (on désigne ainsi la tension qui naît de la différence dans la force gravitationnelle exercée par un corps massif sur les deux extrémités d'un objet – la face la plus proche subit une attraction plus grande que la face la plus éloignée, c'est ce qui explique les marées mais aussi des fractures dans le cas d'objets ayant une faible cohésion). Plus de deux douzaines d'autres comètes se sont effritées spontanément, à force d'avoir perdu les gaz congelés qui assuraient leur cohésion. On pense donc que des comètes actives (celles qui s'illuminent à l'approche du Soleil) se transforment en objets inactifs par épuisement de leurs réserves de glace, et rejoignent les rangs des astéroïdes. Des comètes éteintes à basse densité peuvent probablement expliquer une fraction significative de la population d'astéroïdes.

2) Les observations ont révélé l'existence de comètes sur des orbites astéroïdales et des astéroïdes sur des orbites cométaires. Les comètes aussi bien que les astéroïdes peuvent provenir du nuage de Oort et suivre des trajectoires autour du Soleil fortement inclinées, parfois dans le sens inverse de celui des planètes. Leur comportement orbital ne permet donc pas plus que leur constitution physique de faire la distinction entre comètes et astéroïdes. Une chatte n'y retrouverait pas ses petits.

En somme, certains astéroïdes ne sont que des cadavres de comètes, tandis que d'autres sont tels qu'ils ont toujours été, au point que certains corps du Système solaire, comme Chiron, présentent des caractéristiques qui les désignent à la fois comme des comètes et comme des astéroïdes.

Les tentatives de classer les comètes et les astéroïdes comme des entités distinctes ont donc échoué et les astronomes doivent maintenant considérer ces objets comme les membres d'une même famille fortement diversifiée : les petits corps du Système solaire.

Ajoutez à cela que certains satellites planétaires, plus familièrement appelés lunes, sont très probablement des astéroïdes capturés. Deimos et Phobos (les deux petites lunes de Mars), les huit satellites de Jupiter les plus lointains, Phoebé (une lune de Saturne), certains satellites récemment découverts autour d'Uranus et de Neptune, sont tous davantage semblables à des astéroïdes qu'aux gros satellites planétaires.

Rencontre avec des astéroïdes remarquables

Seule une poignée d'astéroïdes a dévoilé son anatomie, à l'occasion d'auscultations à courte distance. Gaspra et Ida ont été photographiés par la sonde Galileo, Mathilde et Éros par la sonde Near, Phobos et Deimos (astéroïdes capturés et satellisés autour de Mars) par les sondes Mariner 9, Viking, Phobos 2 et Mars Global Surveyor. Vesta a montré un peu de sa surface au télescope spatial Hubble, avant d'être examiné de près par la sonde spatiale Dawn, qui s'est mise en orbite autour de lui en juillet 2011. Dawn doit repartir en septembre 2012 pour aller se mettre en orbite autour de Cérès, qu'elle atteindra en février 2015. Rappelons que Cérès et Vesta sont les deux plus grands corps de la ceinture d'astéroïdes.

Rosetta est une mission de l'Agence spatiale européenne dont l'objectif est de recueillir des données sur la composition du noyau de la comète Tchourioumov-Guerassimenko et sur son comportement à l'approche du Soleil. Lancée en mars 2004, elle arrivera à proximité de la comète en 2014. Mais durant son périple, en septembre 2008, la sonde a survolé à 800 kilomètres de distance l'astéroïde 2867 Steins, puis, le 10 juillet 2010, le gros astéroïde 21 Lutèce. Près de 400 photographies de ce dernier ont été prises à 3000 kilomètres de distance, permettant d'atteindre une résolution de 60 mètres; elles ont révélé un astéroïde de forme très allongée (longueur 130 km), couvert de cratères, qui traduisent l'ancienneté de ce corps vieux de 4,5 milliards d'années. Un cratère d'impact est partiellement comblé d'éboulis, qui pourraient avoir été produits par des tremblements de terre consécutifs à des collisions avec d'autres corps célestes.

Entre 2003 et 2010 s'est déroulée la mission particulièrement mouvementée de la Jaxa (Agence spatiale japonaise), Hayabusa, qui a volé de concert avec l'astéroïde Itokawa, puis s'est posée dessus pour recueillir des poussières. Malgré des problèmes affectant son système de propulsion, la sonde a pu redémarrer ses moteurs ioniques et est revenue sur Terre avec sa précieuse cargaison en juin 2010. Avant de se désintégrer de manière spectaculaire dans l'atmosphère, elle a largué sa capsule, récupérée dans le désert australien. Pour la première fois, les laboratoires sur Terre ont disposé d'échantillons du sol d'un astéroïde : 1 543 grains de taille microscopique dont la composition est celle des météorites les plus courantes, les chondrites ordinaires – prouvant que celles-ci proviennent bien des astéroïdes de même type qu'Itokawa.

La comparaison entre les astéroïdes ainsi auscultés de près indique une diversité de formes et de compositions surprenante et inattendue, analogue à celle qui avait été découverte entre les satellites des planètes géantes au cours des grandes missions spatiales Voyager des années 1980.

Le premier des astéroïdes à avoir été observé de près est 951 Gaspra. Le 29 octobre 1991, le vaisseau spatial Galileo, en route pour Jupiter, est passé près de lui et l'a photographié. Nommé par son découvreur en l'honneur d'une station balnéaire de la péninsule de Crimée, Gaspra est un cylindre rocheux de 20 kilomètres de long et 11 d'épaisseur. Sa surface est criblée de cratères d'impact, également baptisés d'après des stations balnéaires et thermales du monde entier.

Ida est le deuxième astéroïde qui a été ausculté en détail, le 28 août 1993, par le vaisseau spatial Galileo. Sa taille est plus conséquente que celle de Gaspra : 58 kilomètres de long sur 23 de large. Ida est le nom d'une montagne de l'île de Crète, lieu de pèlerinage classique vers une caverne où, selon la mythologie, Zeus aurait été élevé par la nymphe Ida. L'astéroïde possède un minisatellite, nommé Dactyl – nom dérivé des Dactyli, un groupe d'êtres mythologiques qui auraient vécu sur le mont Ida et protégé Zeus enfant.

Le couple Ida-Dactyl n'est pas exceptionnel. Les astronomes soupçonnent que, parmi les astéroïdes s'aventurant dans les parages de la Terre (et qui ont donc pu être observés de près), un sur six est binaire. Formés au départ d'un seul bloc, ces objets se seraient scindés en deux sous l'effet de la force gravitationnelle exercée par les planètes croisées. Par exemple, 2000 DP107 comprend deux rochers de 300 et 800 mètres de diamètre, éloignés de seulement 3 kilomètres. Le plus petit tourne autour du plus gros en 42 heures.

Vue de loin, la divinité de l'amour, 433 Éros pour les intimes, ressemble à une cacahuète de 33 kilomètres de long sur 13 kilomètres de large. En son milieu, elle exhibe une cavité large de 6 kilomètres, dans laquelle un rocher de 50 mètres de diamètre a roulé sa bosse, malgré la très faible pesanteur qui règne à sa surface. La force qui retient les objets sur Éros ne vaut qu'un millième de celle qui règne sur la Terre : un balourd de

80 kilos se sentirait tout léger, 80 grammes à peine. Sur un astre minime tel qu'Éros, il faut prendre garde à ne faire aucun geste intempestif, et surtout pas de bond, sous peine de se trouver propulsé dans l'espace sans espoir de retour. Les liens, plus c'est léger, plus c'est fragile.

Éros s'approche régulièrement de nous. Trois fois par siècle, Éros passe à moins de 20 millions de kilomètres de la Terre. Cette distance, apparemment énorme, est faible du point de vue astronomique. Mais, n'en déplaise aux oiseaux de malheur, Éros ne croisera jamais l'orbite de la Terre pour s'y écraser en une étreinte mortelle.

Si Éros ne vient pas à nous, nous allons à elle. Le lundi 14 février 2000, la sonde américaine Near (sigle de Near Earth Asteroid Rendez-Vous ; en anglais, le mot *near* signifie « proche ») s'est satellisée autour d'Éros et a entamé une danse nuptiale qui a duré un an. À la fin, satisfait de ses photos, le vaisseau est descendu et s'est posé en douceur sur sa surface pour acquérir des images à plus haute résolution. Cela s'est passé en 2001, à nouveau un 14 février, jour de la Saint-Valentin – les Américains, remarquables ingénieurs, sont aussi d'indécrottables sentimentaux. La sonde a continué à émettre des bips, mais les émissions érotiques ont cessé le 28 février 2001.

En pointant le puissant radiotélescope d'Arecibo, à Porto Rico, sur la ceinture principale d'astéroïdes, les chercheurs ont eu la surprise de découvrir que l'un d'entre eux, dénommé 216 Cléopâtre, présente la forme d'un gros os pour chien. Un os qui vogue à 171 millions de kilomètres de la Terre et possède des mensurations propres à faire rêver les toutous: 217 kilomètres de long, 94 de large et 80 d'épaisseur. Rien de bien comestible cependant. Sa forte capacité à réfléchir les échos radar et sa coloration indiquent qu'il est composé essentiellement de nickel et de fer. Ce sont les compagnies minières qui peuvent se prendre à rêver devant cette mine volante.

Cette allure bizarre est probablement le fruit d'une très violente collision entre deux astéroïdes. Ceux-ci ne se seraient pas complètement brisés au moment de l'impact, et le choc n'aurait pas dispersé tous leurs fragments.

Le galbe de Cléopâtre est à ajouter au bestiaire des formes exotiques des astéroïdes. Geografos a l'allure d'un cigare, Castilia est formé de deux boules accolées, Hector fait des haltères. Une diversité d'aspects due à l'histoire ancienne et très agitée de ces petits corps célestes. Leur apparence et leur structure découlent pour l'essentiel de la physique des collisions.

Prospection des astéroïdes

Un intérêt majeur de l'étude des petits corps réside dans leur potentiel économique. Les ressources sur Terre ne sont pas inépuisables, et l'on envisage d'exploiter, dans un futur proche, les richesses minières des astéroïdes.

En 1986, Thomas Paine, directeur de la Nasa, avait prophétisé que le développement économique de la

Lune, des astéroïdes et de Mars serait la principale source d'investissement du siècle prochain. Nous y voici, au XXIe siècle, et nous n'avons encore rien vu venir, sinon un regain des conflits internationaux et la chute des marchés de capitaux. Mais les études prospectives sur l'exploitation commerciale de l'espace sont allées bon train, et il ne fait aucun doute qu'au XXIIe siècle l'homme construira des usines sur les astéroïdes.

Bientôt, l'odyssée de l'espace n'aura plus pour seuls acteurs des militaires et des scientifiques, mais aussi des marchands et des prospecteurs de filons cosmiques. Une mission sur une petite planète pourrait être économiquement rentable. La ruée vers l'or de ce siècle se jouera dans le milieu interplanétaire, et l'espace ne sera plus seulement du ressort gouvernemental. Ce sera un endroit comme un autre, dont les entrepreneurs privés exploiteront les ressources naturelles et les possibilités commerciales. Par exemple, la société Planetary Resources Inc., à laquelle se sont associés de richissimes investisseurs – rien moins que le cinéaste James Cameron et Larry Page, le P-DG de Google, entre autres –, s'est donné pour mission de « rendre disponibles pour l'humanité les ressources naturelles quasi illimitées de l'espace », en commençant par mettre sur orbite des télescopes spatiaux destinés à repérer les astéroïdes les plus prometteurs. Nous assistons actuellement à la naissance d'un immense marché, qui dépassera les 100 milliards de dollars dès le milieu du siècle.

Certains entrepreneurs, partant de l'idée que le privé peut faire mieux, plus vite et moins cher, veulent établir des mini-Nasa privées, utilisant du matériel éprouvé et bon marché. La cible ultime est constituée des quelque 10000 astéroïdes identifiés à ce jour dans la ceinture flottant entre Mars et Jupiter. Un grand nombre de ces astéroïdes sont des blocs de métaux purs, des roches où la concentration en or, platine, cobalt et autres métaux rares est de dix à cent fois supérieure à celle des mines terrestres. Les minéralogistes ont calculé qu'un kilomètre cube d'astéroïde de type métallique contient 7 milliards de tonnes de fer, 10 milliards de tonnes de nickel, et suffisamment de cobalt pour satisfaire la consommation mondiale pendant 3000 ans. Son exploitation pourrait rapporter 5000 milliards de dollars.

Une fois résolu le problème du forage, il reste à déterminer s'il vaut mieux descendre à la mine ou la faire descendre vers nous. Selon les astronomes et les ingénieurs, l'approche la plus efficace en termes de coût consisterait à entourer l'astéroïde d'un filet et à le ramener au niveau de l'orbite terrestre à l'aide d'un chalutier cosmique. Le filet serait immatériel, tissé par les lignes d'un puissant champ électromagnétique engendré par des aimants. Quant au chalutier, il serait équipé d'un réacteur alimenté en combustible par l'astéroïde lui-même, éjectant vers l'arrière des fragments à très grande vitesse. Ce mode de propulsion consommerait environ un quart de l'astéroïde en transit, mais il resterait suffisamment de matériau brut pour faire plusieurs fortunes terrestres.

Les astéroïdes pourraient par ailleurs constituer d'avantageuses bases spatiales de précolonisation du Système solaire. En effet, grâce à leurs ressources minières, ils pourraient pourvoir les colons en matériaux de construction et satisfaire leurs besoins en eau, carbone et azote.

Les premières missions commerciales d'exploitation des ressources spatiales viseront probablement des astéroïdes-icebergs. On pourra faire fondre la glace qu'ils recèlent pour obtenir de l'eau. Et à partir de l'hydrogène et de l'oxygène obtenus, fabriquer le carburant qui fournira de l'énergie aux vaisseaux en partance pour Mars et au-delà. Vue leur faible gravité, l'énergie requise pour les quitter est beaucoup plus faible que celle qui est nécessaire pour se libérer de l'attraction terrestre. Steven Ostro, chercheur au Jet Propulsion Laboratory, a proposé à la Nasa d'étudier pour 2015 une mission d'extraction de l'eau qui abonde sur l'astéroïde 1998 KY26, boule de glace qui pourrait servir de station-service sur la route de Mars.

Quant aux comètes, elles constituent d'énormes réserves d'hydrocarbures congelés qui pourraient servir de combustible. Le noyau de la comète de Halley, qui revient tous les 76 ans dans les parages de la Terre, contient l'équivalent de 1000 ans de consommation de pétrole.

L'exploitation des ressources de l'espace, pour les besoins des habitants de la Terre ou ceux des astronautes, sera sans aucun doute un jalon marquant dans l'aventure de l'humanité. Jusqu'à présent, nous avons toujours été tributaires des richesses que notre planète pouvait nous donner. Mais nous pourrions bientôt commencer à nous affranchir du sol où nous sommes nés. Nous puiserons dans le reste du Système solaire les moyens supplémentaires de nous développer et de progresser dans notre exploration de l'Univers. Sans doute un jour sera-t-il devenu banal de capturer un astéroïde en route vers Saturne ou Jupiter, tout comme les paquebots actuels peuvent remorquer un iceberg pour s'assurer une réserve d'eau douce.

3

Le feu du ciel

Étymologie du désastre

Le désastre, emprunté à l'italien *disastro*, est formé du préfixe péjoratif *dis-* accolé au mot *astro*. Il signifie donc littéralement « mauvais astre ». Le désastre, c'est l'astéroïde tueur ou la comète funeste. Autrement dit, la « mauvaise étoile ». Et celui qui est né sous une mauvaise étoile n'est qu'un « malotru », *male astrucus* en latin populaire.

Nul besoin d'invoquer les horoscopes pour reconnaître que bonne et mauvaise fortunes sont bel et bien inscrites dans le ciel, sous la forme d'astres cléments, comme le Soleil, ou dangereux, comme les météores. L'un des défis qui se posent à nous est de comprendre la nature exacte des mécanismes qui régissent le ballet planétaire et de construire les parades contre les plus menaçants des « désastres ». Le ciel pourrait nous tomber sur la tête. Il l'a déjà fait. Il le fera encore. Sa permanence est inscrite dans notre chair et notre cœur. Mais nous avons les moyens de le tenir à l'œil. Si tel est notre bon plaisir, ou notre grande sagesse.

Astéroïde tueur

Communiqué de presse du 21 juin 2002 :

> *Un astéroïde de la taille d'un terrain de football a manqué de peu s'écraser sur la Terre la semaine dernière, passant seulement à 120 000 kilomètres du globe. À ce jour, c'est le passage le plus proche de la planète qui ait jamais été recensé pour un corps céleste de cette taille.*
> *L'astéroïde 2002 MN, d'un diamètre compris entre 50 et 120 mètres, se déplaçait à plus de 38 000 km/h lorsqu'il a été repéré, trois jours après son passage à côté de la Terre, le 14 juin 2002.*
> *« Au cas peu probable où l'astéroïde se serait écrasé sur une région peuplée de la Terre, cela aurait causé des pertes humaines considérables, a déclaré Grant Stokes, le principal chercheur du projet Near Earth Asteroid du laboratoire Lincoln, dont les observatoires du Nouveau-Mexique ont repéré le corps céleste. La libération d'énergie aurait été de l'ampleur d'une importante arme nucléaire. »*

De loin en loin, ce genre d'annonce à sensation fait la une des journaux et fait augmenter le tirage. Mais il pourrait bientôt se faire que 6 milliards de bipèdes s'inquiètent *à juste titre* d'une boule rocheuse propulsée dans les filets de notre belle planète par une fronde gravitationnelle. Plus de 100 millions d'objets dépassant les 10 mètres de diamètre suivent en effet des orbites très à l'écart de la ceinture principale et sillonnent le Système solaire interne. Quelques-uns d'entre eux constituent une véritable menace pour notre planète. Certes, les plus gros, les « astéroïdes tueurs » de 1 kilomètre et plus, sont rares. Mais ils existent et, tôt ou tard, ils frapperont, comme par le passé.

Les plus petits sont monnaie courante et déboulent généralement sans prévenir.

Une fausse frayeur bien calculée

Fin 1997, l'astronome américain James Scotti détecta l'astéroïde 1997 XF11 dans le cadre d'un programme de surveillance du ciel à l'université d'Arizona. L'objet céleste fut suivi durant 88 jours par diverses équipes afin que son orbite puisse être établie.

Le 11 mars 1998, Brian Marsden, l'influent directeur du Bureau central des télégrammes astronomiques, expédia un courrier électronique à un certain nombre de correspondants pour annoncer que 1997 XF11 se rapprocherait de la Terre en 2028. Puis il adressa aux journalistes scientifiques un communiqué de presse, précisant que « les risques d'une collision sont faibles, mais ne peuvent pas être totalement écartés ». Titres de fin du monde assurés. Le lendemain, l'information s'étalait à la une des journaux du monde entier : le 26 octobre 2028, l'astéroïde 1997 XF11 croiserait la route de la Terre à 18 h 30 GMT.

Pendant les 24 heures qui suivirent, les astronomes se succédèrent sur les plateaux de télévision pour commenter la nouvelle. «Pour l'instant, nous sommes certains que l'astéroïde va passer dans un cercle de 200000 kilomètres de diamètre où se trouvera la Terre. Imaginez un cercle de 2 mètres et une cible de 12 centimètres à l'intérieur. C'est nous», résuma efficacement le chasseur d'astéroïdes Alain Maury, dans les colonnes de *Libération*.

Mais le jour même, au Jet Propulsion Laboratory de la Nasa, à Pasadena, Eleanor Helin retrouva la trace de l'astéroïde sur des photographies prises en 1990 au télescope du mont Palomar. L'intégration de ces nouvelles données, portant à huit ans l'historique des points d'observation, compléta alors les calculs de trajectoire, et une nouvelle annonce stoppa net le flot des commentaires alarmistes. «L'astéroïde 1997 XF11 devrait passer bien au-delà de la distance Terre-Lune, à une distance de 960000 kilomètres, et le risque de collision est maintenant égal à zéro», affirmèrent le vendredi 13 mars Donald Yeomans et Paul Chodas, responsables au Jet Propulsion Laboratory du groupe «Dynamique du Système solaire».

Dans une déclaration au *New York Times*, Brian Marsden modéra sa première déclaration: «Au vu des dernières données analysées, la probabilité d'un impact semble beaucoup plus faible qu'elle ne l'était hier, mais elle n'est pas tout à fait nulle.» L'alerte à l'astéroïde tueur avait fait long feu mais, dans un cas pareil, rares sont les médias assez consciencieux pour publier un démenti. L'important est de frapper les imaginations par des annonces sensationnelles, qui passeront pour la plupart à la trappe sans plus d'explication. Ainsi nous habituons-nous à vivre dans une bousculade d'inquiétudes, puisque telle est la recette qui fait vendre.

Sans doute, le communiqué de presse évoquant l'éventualité d'un impact avec 1997 XF11, même pour souligner sa faible probabilité, était-il abusif. La possibilité d'une collision n'est jamais à exclure, mais le risque qu'elle se produise avec XF11 était tout aussi infinitésimal qu'avec n'importe quel autre astéroïde vagabond. Était-il donc nécessaire d'affoler les populations ?

Une polémique a divisé la communauté scientifique à ce sujet. Il semble que, dès le 11 mars, avant même l'analyse des photographies de 1990, l'idée de collision avait déjà été écartée. Marsden, pourtant, lança l'alerte, jugeant en fin politique que l'affaire attirerait l'attention sur le financement des études sur les astéroïdes dangereux, mieux que n'avait pu le faire un rapport officiel présenté par David Morrison en 1992. De fait, dès le lendemain de l'annonce, le président de la chambre des représentants du comité pour l'espace rencontra Bill Clinton et lui demanda de lever le veto de la Maison Blanche sur le projet de financement par le département de la Défense de Clémentine 2, un vaisseau spatial destiné à tester la technologie applicable à l'interception des astéroïdes. La Nasa annonça dans le même temps que son financement pour la recherche dans ce domaine passait à 3 millions de dollars par an... La grande peur de l'astéroïde avait bel et bien fait pleuvoir les dollars !

Les NEO

Le terme NEO (acronyme de l'anglais Near Earth Objects) désigne les petits corps du Système solaire dont l'orbite est proche de celle de la Terre. Ce groupe contient des comètes, mais la plupart sont des astéroïdes, les NEA (*near Earth asteroids*). Parmi les NEA, ceux qui risquent de croiser vraiment l'orbite terrestre sont appelés *géocroiseurs* (en anglais *ECA, Earth crossing asteroids*). Selon la définition des astronomes, tout corps céleste s'approchant de la Terre à moins de 45 millions de kilomètres est un géocroiseur. Ce sont ces objets qui présentent un danger de collision potentiel avec la Terre, et qui doivent être étroitement surveillés. Au 3 septembre 2011, on en dénombrait 8 113.

Resserrant encore le filet autour de nous, l'attention se focalise enfin sur les APD, astéroïdes potentiellement dangereux (en anglais *PHA, potentially hazardous asteroids*). Ce sont ceux dont la trajectoire s'approche à moins de 7,5 millions de kilomètres de la Terre et dont le diamètre dépasse 130 mètres. Sont actuellement recensés environ 1 200 APD. Ces derniers sont donc minoritaires parmi les géocroiseurs. Le plus gros APD est (1036) Ganymède – à ne pas confondre avec le satellite de Jupiter –, qui mesure 32 kilomètres. Les plus petits, détectés à condition qu'ils soient assez brillants, n'excèdent pas 5 à 10 mètres.

Généralement, les géocroiseurs sont découverts lorsqu'ils passent au plus près de nous. Étant en grande majorité de petite taille (de l'ordre du kilomètre de diamètre maximum), c'est à ce moment-là qu'ils brillent le plus et sont donc facilement détectés. Ils se déplacent alors de façon visible dans le ciel et apparaissent sur les photographies à long temps de pose sous la forme de longues et fines traînées. Connaissant leur éclat et leur distance (après reconstitution de leur orbite), les astronomes sont en mesure de calculer leur grosseur.

Il doit exister plusieurs milliers de géocroiseurs de plus de 1 kilomètre de diamètre, mais quelques centaines seulement ont des orbites calculées. Toutefois, les vagabonds célestes ont des orbites très chaotiques, et la moindre perturbation gravitationnelle se produisant lors de leur passage près de la Terre ou de Mars peut les précipiter sur notre planète.

Comme nous l'avons vu, plusieurs géocroiseurs sont entrés en collision avec la Terre par le passé, et d'autres présentent un certain risque pour l'avenir. Pour évaluer ce risque, les NEA sont classés sur l'échelle de Turin (cf. p. 132).

Pour le moment, on connaît 290 astéroïdes qui sont relativement proches de la Terre, liste constamment réactualisée sur le site web de la Nasa neo.jpl.nasa.gov/risk/. Deux cent quinze d'entre eux ont un diamètre qui ne dépasse pas 50 mètres, et aucun ne dépasse le niveau 1 de l'échelle de Turin, ce qui signifie qu'ils ne représentent pas un danger assez important pour en informer la population. Par exemple, 2002 NT7 présente un risque d'impact potentiel de 1 sur 1 million pour le 1er février 2019.

2007 VK184 (diamètre 130 mètres) et 2011 AG7 (diamètre 140 mètres) sont les astéroïdes ayant la valeur la plus élevée (1) sur l'échelle de Turin, pour des collisions éventuelles calculées respectivement dans les périodes 2048-2057 et 2040-2047.

Le 23 mars 1989, (4581) Asclépios, d'un diamètre de 300 mètres, a manqué la Terre d'environ 700 000 kilomètres en passant à l'endroit exact où la planète se trouvait à peine... 6 heures auparavant !

Le 2 mars 2009, 2009 DD45 est passé à 72 000 kilomètres de la surface terrestre. Son diamètre était d'environ 35 mètres.

Le 13 janvier 2010, 2010 AL30 est passé à 122 000 kilomètres. Sa taille ne dépassait pas 15 mètres.

Parmi les NEO il faut compter environ 500 comètes, qui peuvent elles aussi venir frôler la Terre. Une douzaine se présentent chaque année de façon impromptue dans le Système solaire interne. L'estimation du danger potentiel d'une collision avec ces comètes inopinées est un exercice très délicat, à cause de leur nombre très élevé, du fait qu'elles peuvent surgir n'importe où et n'importe quand, et parce que le plus souvent elles ne deviennent visibles que lorsqu'elles sont déjà proches de nous. De plus, elles se déplacent à très grande vitesse, à peu près deux fois plus vite que les astéroïdes.

On a pu établir la liste des sept comètes qui sont passées à moins de 600 000 kilomètres de la Terre depuis l'an 837 :

Nom	Distance (km)	Date
Halley	495 000	04/837
Tempel-Tuttle	340 000	10/1366
Comète de 1743	585 000	02/1743
Lexell	223 500	07/1770
Biela	542 000	12/1805
Pons-Winnecke	591 000	06/1927
Iras-Araki-Alcock	460 000	05/1983

PARTIE V

APOCALYPSE DEMAIN ?

1

La menace se précise

Apophis 2036

Il est évidemment essentiel de surveiller les mouvements des géocroiseurs potentiellement dangereux. Le premier à éprouver nos défenses pourrait être Apophis (nommé d'après le dieu égyptien Apep, le Destructeur), un astéroïde de 300 mètres découvert simultanément par les équipes de scientifiques du Jet Propulsion Laboratory et de l'université de Pise, durant les vacances de Noël 2004. Ces chercheurs avaient constaté que 2004 NM4, tel qu'il se nomme officiellement, pourrait, avec une probabilité de 1 sur 200, entrer en collision avec la Terre le 13 avril 2029.

Il fallait affiner les observations. Chacun se mit à la tâche, dans les observatoires du monde entier, en retenant son souffle... En effet, jour après jour, à mesure que l'on faisait mieux connaissance avec le visiteur, précisant sa masse et ses caractéristiques orbitales, le taux de risque de collision augmentait, passant à 1 sur 170 le 23 décembre, à 1 sur 60 le lendemain, 1 sur 40 à

Noël, pour atteindre la probabilité affolante de 1 sur 37 le 27 décembre. Le danger avait atteint le niveau 4 sur l'échelle de Turin, ce qui reste unique à ce jour. Fort heureusement, 2004 NM4 fut retrouvé ce même 27 décembre sur des photos prises plusieurs mois plus tôt par le télescope du projet Spacewatch en Arizona, venant bouleverser les mesures et permettant d'établir que l'astéroïde passerait en réalité à 42 000 kilomètres de notre planète. Un frôlement, tout de même, bien que sans risque.

Une autre menace pointait pourtant à l'horizon. En effet, en avril 2029, Apophis passera à l'intérieur des orbites des satellites géostationnaires. S'il entre dans le « trou de serrure » – une zone de l'espace à peine plus large que l'astéroïde lui-même –, où les forces gravitationnelles lui donneraient une nouvelle impulsion, il pourrait se retrouver sur une trajectoire de collision avec la Terre sept ans plus tard, le 13 avril 2036, un dimanche de Pâques. Les chances pour qu'Apophis emprunte ce passage furent alors estimées à 1 sur 45 000, mais des dizaines de facteurs peuvent influencer l'orbite des astéroïdes.

En octobre 2009, la Nasa a publié un communiqué dans lequel elle affirme qu'après avoir affiné ses calculs elle n'évalue plus cette probabilité qu'à 1 sur 250 000. L'astéroïde est alors redescendu au niveau 0 de l'échelle de Turin, autrement dit il ne présente strictement aucun danger (du moins pour ses deux prochains passages). Mais il aura eu le mérite de faire davantage travailler les scientiques sur les scénarios de collision, et d'attirer l'attention de certaines agences gouvernementales afin de mieux préparer les parades.

Nous sommes aujourd'hui parfaitement en mesure de déterminer avec précision les effets de la collision d'un corps de 300 mètres de diamètre et de 25 millions de tonnes, comme Apophis, avec la Terre. Cet APD est une sidérite, donc très dense et non-poreux; s'il suit une trajectoire de collision, sa vitesse au moment de l'impact serait de 12,5 km/s. Sachant cela, les astronomes estiment que la collision dégagerait une énergie équivalente à 510 mégatonnes, une puissance comparable à 34000 bombes comme celle qui frappa Hiroshima.

La catastrophe serait de la même ampleur, que l'astéroïde s'écrase sur la terre ferme ou qu'il plonge dans l'océan. Dans le premier cas, la déflagration serait suffisante pour anéantir un pays grand comme l'Espagne ou la France, avec des millions de victimes à la clé. La poussière libérée dans l'atmosphère pourrait engendrer un hiver d'impact dans l'hémisphère touché qui durerait durer plusieurs mois.

Dans l'autre cas, le plongeon provoquerait un tsunami de proportions dantesques: les simulations numériques suggèrent une vague de 170 mètres de hauteur qui déferlerait à 100 km/h sur les mégapoles, faisant tout autant de victimes qu'un impact au sol.

Comme toutes les autres catastrophes naturelles, les collisions se produisent de façon récurrente (bien que non périodique, sinon nous pourrions les prévoir). Les plus graves sont si rares que leur fréquence moyenne est difficile à déterminer. On estime qu'un gros astéroïde ou une comète de quelques kilomètres de diamètre ou plus – le genre de bolide qui aurait fait disparaître les dinosaures il y a 65 millions d'années – vient se fracasser sur la Terre tous les 100 millions d'années environ. Le Système solaire compterait environ 3 millions d'astéroïdes géocroiseurs. Heureusement, aucun des gros astéroïdes identifiés jusqu'à présent ne devrait croiser l'orbite de la Terre dans les 100 prochaines années.

Mais tôt ou tard, un astéroïde du type d'Apophis menacera à coup sûr notre planète. Il faudra alors se poser une question sans précédent : faut-il tenter ou non de le faire dévier de sa trajectoire, avec tous les risques que cela comporte ? « Il faut déjà une certaine audace pour penser que nous sommes capables de modifier, même légèrement, le fonctionnement de notre environnement cosmique », souligne l'ancien astronaute Russel Schweickart, président de la Fondation B612, une organisation non gouvernementale de Sonoma, en Californie, qui cherche à stimuler la recherche sur les stratégies de déviation des géocroiseurs. Mais nous avons les moyens de dévier la trajectoire d'un astéroïde. Plus encore, c'est aujourd'hui la seule catastrophe naturelle que nous pouvons envisager de prévenir !

Beaucoup d'incertitudes demeurent cependant. Apophis nous a fait réaliser que nous en savions très peu sur la région de l'espace qui se trouve à proximité de la Terre. Les astéroïdes de la ceinture principale peuvent entrer en collision les uns avec les autres, transformant un objet inoffensif en un dangereux projectile. Par ailleurs, seule une fraction des géocroiseurs existants a été identifiée, et ceux dont nous ne connaissons pas encore l'existence pourraient aussi causer des dégâts.

Le passage d'Apophis près de la Terre en 2013 ravivera les craintes, même si les mesures optiques qu'il sera possible de faire à cette occasion devraient réduire ou écarter définitivement le risque de collision. Mais si les risques de collision en 2036 étaient revus à la hausse, il faudrait se poser des questions politiquement délicates. Si on se fonde par exemple sur des calculs récents, Apophis percuterait la Terre quelque part sur une ligne allant du Kazakhstan à l'Atlantique Sud en passant par la Sibérie, le Pacifique Nord, le Costa Rica, la Colombie et le Venezuela. Qui organiserait la mission destinée à faire dévier sa trajectoire? Et qui en paierait le coût? L'ensemble des pays situés le long de ce «couloir de risque»? La Russie, qui risque le plus d'être heurtée de plein fouet, ou les États-Unis, qui pourraient être frappés par un énorme tsunami? Les Nations unies? Et que se passerait-il si la mission échouait et qu'Apophis percutait la Terre ailleurs que le long de ce couloir de risque? Qui devrait répondre de cette erreur?

Selon certains experts, les détails des prévisions – en particulier les données concernant les éventuelles zones d'impact – ne devraient pas être divulgués, car il convient d'éviter de tirer la sonnette d'alarme pour finalement annoncer qu'il s'agissait d'une fausse alerte ou que la situation est moins dramatique qu'il n'y paraissait de prime abord. D'autres pensent au contraire que la population doit être très précisément informée: les prévisions de collisions devraient être traitées comme les prévisions d'ouragans, pour permettre au public de s'y préparer.

Certes, la Terre a toujours été soumise, comme on l'a vu, à des impacts de comètes et d'astéroïdes, bien que de gros chocs soient très rares. Les astronomes de la Nasa mènent une étude appelée la « Spaceguard Survey » afin de détecter les astéroïdes géocroiseurs longtemps avant qu'ils ne nous touchent. La conclusion est qu'*il n'existe pas*, à court ou moyen terme, de menace d'un astéroïde aussi grand que celui qui a tué les dinosaures. Les travaux se font au grand jour et les découvertes sont mises en ligne au quotidien sur le site Internet du programme NEO de la Nasa, auquel chacun peut rendre visite afin de constater que rien n'est prévu dans l'immédiat.

Le mythe Nibiru

Une prédiction apparemment plus préoccupante qu'Apophis 2036 circule, selon laquelle le monde prendrait fin... dès décembre 2012 !

À l'origine de la rumeur, des déclarations selon lesquelles Nibiru, une prétendue planète découverte par les anciens Sumériens, se dirigerait vers la Terre. Un écrivain d'origine russe, ufologue et auteur de thèses pseudo-scientifiques de type « dessein intelligent extraterrestre », affirmait avoir trouvé et traduit des documents sumériens qui permettaient d'identifier la planète Nibiru, orbitant autour du Soleil tous les 3 600 ans. Ces documents relataient l'histoire « d'anciens astronautes » envoyés d'une civilisation extraterrestre pour visiter la Terre. À la suite de cela, une illuminée, prétendant qu'elle recevait des messages télépathiques de ces extraterrestres, annonça sur son site web que les habitants d'une planète en orbite autour de l'étoile Zeta Reticuli l'avaient mise en garde quant aux dangers que la planète X/Nibiru faisait courir à la Terre.

La catastrophe était initialement prévue pour mai 2003, mais rien ne s'étant produit, le Jugement dernier a été reporté au mois de décembre 2012. Finalement, la fable a été mise en relation avec le calendrier maya et le solstice d'hiver de 2012 – donnant naissance aux sombres mais absurdes prophéties sur la date du 21 décembre 2012.

On peut mesurer à quel point ces hypothèses fallacieuses trouvent un écho en faisant une recherche sur Internet. On y découvre sur des forums d'innombrables échanges sur l'imminence de la fin du monde et des exhortations aux internautes à se repentir du péché et de la corruption, pour se remettre dans le droit chemin. Le tout émanant généralement d'esprits exaltés, le plus souvent sous l'emprise d'une idéologie religieuse n'ayant aucun rapport avec une quelconque réalité scientifique.

En mai 2009, par exemple, l'article qui suit paraissait dans le quotidien saoudien *Al-Watan:* « Des chercheurs de l'université de Bagdad ont évoqué sur les ondes de la radio irakienne Sawa un astre nommé Nibiru, censé entrer en collision avec la Terre en 2012 et provoquer l'extinction de l'espèce humaine. Selon un rapport de la faculté des sciences, le choc tuerait environ 70 % de l'humanité, et la fumée des éruptions volcaniques, les tremblements de terre et les maladies auraient raison de 20 % supplémentaires. Seuls 10 % de l'humanité en réchapperaient, en Afrique, dans la péninsule arabique, dans le centre de l'Irak et dans quelques régions côtières. »

L'association des astronomes de Djeddah a démenti ces informations, soulignant que tout cela n'était qu'une légende remontant à la civilisation sumérienne, et ironisant dans leur journal en ligne : « Les astronomes irakiens ne disposent pas des outils nécessaires à ce genre de recherche. Cela prouve seulement qu'ils sont sous l'emprise de la pensée religieuse et mythologique. » Le côté le plus amusant de l'anecdote est que, foi oblige, les « rationalistes » de Djeddah précisent que la date de la fin du monde « appartient aux mystères de Dieu » !

Nibiru apparaît comme un personnage mineur dans le poème créationniste babylonien *Enuma Elish,* retrouvé dans la bibliothèque d'Assourbanipal, qui fut roi d'Assyrie de 668 à 627 avant notre ère. Sumer rayonna beaucoup plus tôt, entre le XXIIIe et le XVIIe siècle av. J.-C. Les affirmations selon lesquelles Nibiru était connue en tant que planète par les Sumériens ont été contredites par les chercheurs ayant étudié et traduit les écrits de l'ancienne Mésopotamie. Sumer fut une grande civilisation, importante pour le développement de l'agriculture, la gestion de l'eau, la vie urbaine, et surtout l'écriture. En revanche, les Sumériens ont laissé très peu de documents traitant d'astronomie, ils ne connaissaient évidemment pas l'existence d'Uranus, Neptune et Pluton (invisibles à l'œil nu), et n'avaient pas même la compréhension que les planètes puissent tourner en orbite autour du Soleil, une idée qui s'est développée pour la première fois dans la Grèce antique, deux millénaires après la fin de Sumer.

En 1983, le satellite d'astronomie en infrarouge de la Nasa, Iras, a mené une inspection du ciel pendant près d'un an et découvert de nombreuses sources infrarouges. Il en a catalogué au total 350000. Un grand nombre d'entre elles étaient inconnues au départ (ce qui est précisément la raison d'être de ce type d'enquête), aussi toutes ces observations ont-elles été suivies d'études ultérieures avec des instruments plus puissants, tant sur Terre que dans l'espace. Tous les « mystérieux » objets se sont révélés être des galaxies lointaines. Aucune source de l'Iras ne s'est jamais avérée être une planète, Nibiru, X ou quelle qu'elle soit, attestant, s'il en était besoin, que Nibiru est un mythe sans aucun fondement. Pour un astronome, des affirmations sur une planète qui se trouverait « à proximité » en étant « invisible » sont tout simplement absurdes, tout comme les théories du complot paranoïaques. Pourtant, des mois durant, de nombreux sites web ont annoncé que Nibiru deviendrait visible à l'œil nu au printemps 2009. Cela n'a évidemment pas été le cas.

Même s'il le voulait, aucun gouvernement ne pourrait dissimuler l'existence d'une planète. Si Nibiru existait, elle serait suivie par des milliers d'astronomes, amateurs et professionnels, répartis dans le monde entier. Photos et articles circuleraient à l'envi. La communauté des astronomes, et des scientifiques en général, serait bien en peine de garder le secret, même si on le lui ordonnait. Comment espérer cacher une planète qui se dirige vers l'intérieur du Système solaire ? Une grande planète (ou une naine brune) présente dans notre Système solaire aurait été détectée par les astronomes depuis de nombreuses années, à la fois indirectement, par ses perturbations gravitationnelles sur d'autres objets, et par une détection directe dans l'infrarouge. En outre, si une grande masse passait par l'intérieur du Système solaire tous les 3 600 ans, on aurait eu l'occasion d'observer ses effets perturbateurs sur les orbites des planètes intérieures.

Nibiru n'est donc rien de plus qu'un de ces nombreux canulars sciemment destinés à faire couler de l'encre ou à affoler les populations, les détournant par ailleurs de problèmes scientifiques plus importants et bien réels, quant à eux, comme le réchauffement climatique et la destruction de la biodiversité. À son actif cependant, le délire Nibiru a suscité ce que j'estime être un chef-d'œuvre de l'art cinématographique : *Melancholia*, de Lars von Trier.

Le calendrier maya à la sauce new age

Nombre de prophètes de malheur en appellent au calendrier maya, alléguant qu'il annonce, lui aussi, la fin du monde en 2012. Il convient à ce sujet de rappeler que les calendriers ont été inventés par les hommes non pour prédire l'avenir, mais pour garder la trace du passage du temps. Les astronomes mayas ont élaboré un calendrier très complexe. L'étude des anciens calendriers est passionnante pour les historiens, mais ils ne sauraient être mis en concurrence avec la capacité que nous avons aujourd'hui de mesurer le temps, ni avec la précision des calendriers actuels. Le point commun, cependant, reste que, quels qu'ils soient, les calendriers ne peuvent pas prédire l'avenir de notre planète, ni nous avertir d'événements devant avoir lieu à telle ou telle date.

Votre calendrier de la Poste ne se termine-t-il pas chaque année le 31 décembre ? C'est là simplement la fin d'une année et le début d'une nouvelle, et aucune personne sensée n'aurait l'idée de l'interpréter comme l'annonce d'Armageddon !

Que dit au juste le calendrier maya ? Le 21 décembre 2012, il remettra en quelque sorte les compteurs à zéro pour clore ce qui ressemble à un « millénaire », mais qui est en fait un cycle de 13 baktuns. Un baktun représente 144 000 jours, soit un peu plus de 394 ans. Un cycle complet de 13 baktuns représente donc 1 872 000 jours, soit à peu près 5 125 ans.

Certaines inscriptions indiquent que 13 baktuns marquent la fin d'un cycle, mais ne signifient pas que le temps cesse de s'écouler, puisqu'il y a des unités supérieures au baktun, comme le pictun.

L'attention portée à la fin du treizième baktun est relativement récente. En 1975, le sujet fut brièvement évoqué dans un roman de science-fiction, considérant la période de 13 baktuns comme « un grand cycle maya », chaque cycle correspondant à une ère légendaire qui s'achevait par la destruction du monde et sa renaissance. Tout cela ne reposait, bien entendu, sur aucune tradition maya authentique. La même année, un autre ouvrage de science-fiction fournit la date précise de la fin du treizième baktun : le 21 décembre 2012, jour du solstice d'hiver. L'intérêt pour 2012 s'accrut à partir de 1987 et la publication d'un livre d'un illuminé espagnol, « historien visionnaire » autoproclamé. La crédulité d'une certaine frange du public et la propagation de rumeurs alarmistes démultipliée par la puissance d'Internet ont fait le reste. Bien entendu, rien n'indique que les Mayas aient pensé que le monde prendrait fin le 21 décembre 2012, avec leur calendrier. D'ailleurs, certaines de leurs stèles mentionnent des dates situées bien au-delà du treizième baktun...

2

Les fêlés de l'apocalypse

Pourquoi l'année 2012 est-elle devenue le nœud central des prophéties apocalyptiques ? À la thèse selon laquelle la Terre serait détruite par le retour de la planète Nibiru, et au fait que le calendrier des Mayas s'arrêterait au 21 décembre 2012, se sont joints les éternels exégètes de Nostradamus et les experts en bizarreries géologiques et astronomiques, avec un large éventail de catastrophes : inversion du champ magnétique terrestre, modification de l'axe de rotation de la planète, tempête solaire dévastatrice ou encore alignement planétaire fatal – tout cela en 2012 et même, très précisément, le 21 décembre.

La concordance de toutes ces prédictions leur permit de se répandre comme une traînée de poudre, pour la plus grande satisfaction des commerçants. Car l'apocalypse fait recette : le 11 novembre 2009 sortait dans les salles obscures *2012*, une superproduction hollywoodienne mettant en images la saga de ceux qui tentent de survivre à la catastrophe annoncée ; la librairie en ligne Amazon propose 275 livres sur 2012, et aux États-

Unis, des magasins vendent des produits pour l'apocalypse. Les objets les plus demandés sont les pastilles purificatrices d'eau et les pierres à feu.

Prophètes

L'humanité a de tout temps été fascinée par les récits prédisant la date et les modalités de notre anéantissement total, la fin de la vie sur terre, la fin du monde, la fin des temps, bref l'apocalypse. Beaucoup de ces récits décrivent très précisément l'avenir et font l'objet d'un culte fervent.

Selon que l'on écoute les prophètes de malheur ou les astronomes de l'observatoire de Paris, nous n'avons plus qu'un an à vivre... ou un milliard d'années. Il est bien sûr plus intéressant pour les médias de s'intéresser aux premiers, car le sujet est plutôt drôle et rassemble un nombre de « doux rêveurs » dépassant largement le quota habituel de dingos qui s'expriment généralement sur tout et n'importe quoi.

Untel, descendant d'Osiris en personne, explore les grottes de Bugarach, petit village de l'Aude qui doit être le seul à rester debout le jour où tout disparaîtra, et qui attire depuis l'an 2000 chercheurs d'ovnis « ésotériques », adeptes de rituels pseudo-bouddhistes ou cathares, chercheurs du trésor des Templiers ou de l'Arche du roi Nemrod et autres charlatans en tout genre. Vingt mille personnes font chaque année l'ascension du pic éponyme, montagne sacrée qui recèle selon certains une base de ravitaillement secrète pour les engins extraterrestres. Le prix des pierres de Bugarach n'atteint pas encore celui des chondrites, mais les ventes battent leur plein...

Plus loin de nous, au Guatemala, des touristes en chemise de nuit se connectent avec la galaxie au milieu des ruines mayas : 500 dollars la connexion.

En marge des gourous habités et des prédicateurs zélés, on trouve les citoyens prévoyants, les « survivalistes », qui se préparent au pire. Tel ce couple de Salt Lake City, qui stocke des centaines de boîtes de conserve, ketchup et mayonnaise. Aux États-Unis, les magasins vendent des lots de cheese-cakes déshydratés pouvant couvrir les besoins en dessert jusqu'à sept ans. À côté, les Français font figure d'amateurs : ce jeune couple n'a pas plus de deux mois de lentilles, de riz et d'eau minérale et fourbit deux arbalètes. Le dimanche, les amoureux prévoyants vont apprendre à abattre les animaux dans la ferme d'à côté.

Un cinquantenaire hollandais se prépare quant à lui depuis le moment où, âgé de 14 ans, il a commencé à s'intéresser au sujet en lisant des ouvrages d'astronomie. Il ne s'est jamais marié, n'a pas eu d'enfants et se prépare activement pour la fin du monde. Il fait construire des logements dans la Sierra Nevada, dans le sud de l'Espagne. Il s'agit de refuges en béton capables de résister au cataclysme qui, croit-il, détruira la planète le 21 décembre. Lui et son groupe entendent y mettre 5 000 personnes à l'abri des horreurs de l'apocalypse. Pour le reste de l'humanité, ce jour sera le dernier. Sur son site web, howtosurvive2012.com, sont dénombrés 348 objets qu'il faudra emporter dans le bunker anti-apocalypse, sans compter les médicaments bien sûr.

Psychologie de l'apocalypse

De toutes les entreprises humaines, il n'y en a sans doute pas de plus vouée à l'échec que celle qui consiste à fixer la fin du monde. Pourtant, des prophètes autoproclamés s'obstinent à le faire. Pourquoi ? L'une des explications réside dans le fait que notre cerveau est une machine programmée pour donner du sens à toutes choses, même les plus fortuites, accordant parfois du crédit à des faits qui dépassent toute explication rationnelle.

Force est de constater que la peur est un moteur particulièrement présent dans les religions monothéistes. Le christianisme et l'islam ont emprunté au judaïsme la conception d'un temps linéaire selon laquelle l'Univers est apparu (très récemment, il y a 6000 ou 7000 ans), puis s'est développé pour atteindre l'état que nous lui connaissons aujourd'hui, et sera un jour détruit à jamais. Le temps ainsi perçu comme linéaire est une idée oppressante qui peut rendre avide et anxieux, condamnant de nombreux adeptes de ces religions à une agitation permanente.

À l'inverse, les Veda de l'Inde antique et d'autres récits cosmogoniques provenant de cultures non occidentales affirment que la naissance, l'évolution et l'anéantissement de l'Univers sont permanents. La fin de l'histoire ne signifie donc pas la fin de la vie, car, comme le jour succède à la nuit, qui succède ensuite au jour, et comme les saisons se succèdent, l'Univers progresse par cycles. Savoir que le mouvement de la roue de la vie n'a ni début ni fin – et que même les derniers des pécheurs ne sont pas condamnés à des tourments éternels dans les flammes de l'enfer – peut donner une vision plus positive de l'existence...

Selon certains psychologues, les croyances irrationnelles ne sont pas seulement le fruit de la religion ni de la culture, mais une manifestation même de la façon dont le cerveau fonctionne. La religion serait alors une création mentale par laquelle le cerveau satisfait son besoin de sens. L'apocalypse, dans ce cas, est une construction très ingénieuse, puisqu'elle permet d'expliquer deux questions qui tourmentent l'humanité depuis toujours : le sens de la vie et l'inéluctabilité de la mort. Pourquoi sommes-nous sur Terre ? La question elle-même témoigne de notre quête de sens, de notre difficulté à accepter que nous ne sommes ici pour aucune raison particulière. La perspective de l'apocalypse peut constituer une réponse – qui, accessoirement, répond à un autre besoin humain : celui de croire à un monde régi par un ordre moral.

Les historiens attribuent l'apparition de la vision apocalyptique au Persan Zoroastre, qui vécut autour de 600 av. J.-C. Il fut le premier à parler d'une bataille cosmique entre le bien et le mal, reprise plus tard par les prophètes Ézéchiel, Daniel et, surtout, par Jean de Patmos (souvent confondu à tort avec l'Évangéliste).

L'Apocalypse, dernier livre du Nouveau Testament, est aussi connu sous le nom de Livre de la Révélation et, effectivement, le terme « apocalypse » signifie « révélation » en grec. Les spécialistes s'accordent à le dater de l'an 95 ou 96, une époque qui coïncide avec la persécution des chrétiens sous le règne de l'empereur romain

Domitien. On ne sait pas grand-chose de son auteur, Jean de Patmos. L'objectif de ce texte était vraisemblablement de redonner espoir et réconfort aux fidèles, en les assurant que leurs souffrances prendraient fin et que le règne de Dieu triompherait. Plus tard, il a été considéré comme un récit des derniers jours.

De nombreux mouvements apocalyptiques inspirés par le symbolisme de l'Apocalypse de Jean se sont notamment propagés en Europe du Nord entre les XIe et XVIe siècles. Menés par un prophète charismatique, ils étaient hantés par l'idée d'une fin imminente suivie par l'instauration du royaume de Dieu sur terre. Des foules fanatiques, fortes de plusieurs dizaines de milliers de personnes, erraient de ville en ville, animées d'intentions meurtrières envers les juifs ou les propriétaires fonciers.

Aujourd'hui, cette folie meurtrière s'est heureusement calmée, mais il reste des fils reliant les pensées apocalyptiques médiévale et contemporaine. Par exemple, la résilience aux prévisions erronées sur la fin des temps; depuis 500 ans, on décrète régulièrement une date, rien ne se passe et cela ne dissuade personne de fixer une autre date!

En règle générale, la croyance en une prophétie biblique de la fin du monde purifié par la catastrophe est plus forte aux États-Unis que nulle part ailleurs. Toutes les catégories de la population y adhèrent: les personnes défavorisées et peu instruites comme les diplômés universitaires, jusqu'aux élites dirigeantes et aux sommets mêmes du pouvoir. Les idées apocalyptiques sont «aussi américaines que le hot dog», a déclaré un sociologue!

La pensée apocalyptique contemporaine

Les mouvements apocalyptiques, dans leur diversité, ont en commun des fantasmes de fin violente, et ils ont des répercussions politiques considérables. En effet, les esprits apocalyptiques ont tendance à mépriser les autres confessions, auxquelles ils reprochent de vénérer de faux dieux, et ces croyants-là ne seront pas sauvés des flammes de l'enfer. Leurs idées totalisantes sont fondées sur une croyance surnaturelle, hors d'atteinte de la méthode scientifique. Il leur faut en permanence réécrire l'avenir, s'empresser de fixer de nouveaux rendez-vous avec la catastrophe, trouver de nouveaux Antéchrists. Pendant des siècles, dans la tradition protestante, l'Antéchrist a été incarné par le pape ou par l'Église catholique dans son ensemble. Plus récemment, c'est l'Union soviétique ou les athées qui ont eu cet honneur !

Dans ses représentations contemporaines, l'apocalypse a tous les aspects d'un jeu d'ordinateur pour enfants : tremblements de terre et incendies, anges sonnant de la trompette, coupes magiques, dragons rouges et autres créatures mythiques. On y trouve la puissance évocatrice des nombres – sept sceaux, sept bêtes, sept chandeliers, sept étoiles, sept trompettes, sept anges, quatre cavaliers, dix cornes, vingt-quatre vieillards, etc., et, enfin, le fameux « nombre de la bête », qui a alimenté dix-neuf siècles d'affabulations : « Que celui qui a de l'intelligence calcule le nombre de la bête. Car c'est un nombre d'homme, et son nombre est six cent soixante-six» (Apocalypse, XIII, 18).

Beaucoup voient donc le nombre 666 partout. Internet regorge d'hypothèses exaltées sur des codes-barres des supermarchés, des implants électroniques, les équivalents numérologiques des noms des dirigeants de la planète. On a le sentiment que n'importe quel autre chiffre ferait l'affaire. On perçoit dans l'arithmétique de la prophétie des esprits systématiques auxquels il manque les bases scientifiques les plus élémentaires (l'astrologie donne la même impression d'obsession numérique opérant dans un vide absurde).

L'apocalypse n'a rien perdu de son attrait en cette ère de technologie et de scepticisme, phénomène dû à l'adaptabilité et à la vigueur de la pensée millénariste. Pour elle, la fin est «proche». Si ce n'est la semaine prochaine, c'est dans un an ou deux. La fin n'est pas venue, mais personne ne se laisse décourager très longtemps. De nouveaux prophètes recommencent leurs calculs extravagants et parviennent toujours à trouver la fin imminente de leur vivant. Les auteurs évangéliques américains, dont les livres se vendent à des millions d'exemplaires, ont prédit la fin du monde tout au long des années 1970, 1980 et 1990, et cette activité ne s'est jamais aussi bien portée qu'aujourd'hui. Une bonne partie du public est avide de ce genre d'information, ce qui révèle sans doute quelque chose de notre nature: pour donner un sens à son existence, l'homme a besoin d'harmonies fictives avec les origines et les fins. Certains trouvent du sens à faire concorder leur propre disparition avec l'annihilation de toute chose.

À la liste des croyances apocalyptiques laïques récentes, il faut ajouter la certitude que le monde est irrémédiablement condamné par un conflit nucléaire, une épidémie virale, des météorites, l'explosion démographique, le réchauffement climatique, la détérioration de l'environnement, etc. Lorsque ces calamités sont présentées comme de simples éventualités dans un avenir indéfini qui pourrait être infléchi par une intervention humaine avisée, elles exhortent à l'action. En revanche, lorsqu'elles sont présentées comme des issues inévitables dérivées de forces inéluctables, elles ont beaucoup en commun avec leurs pendants religieux. Le fatalisme est commun aux deux camps.

Il y a trente ans, on pouvait encore croire que la pensée apocalyptique religieuse contemporaine était un vestige d'une époque préscientifique crédule et superstitieuse bien révolue. Mais aujourd'hui, la foi dans les prophéties, surtout dans le christianisme et dans l'islam, est une force de notre histoire contemporaine, un moteur qui anime les préoccupations morales, géopolitiques et militaires. Notre culture laïque et scientifique n'a pas remplacé ces systèmes de pensée surnaturels. La méthode scientifique, ou la rationalité en général, n'a pas trouvé de discours global suffisamment puissant, simple et attrayant pour concurrencer les vieilles histoires qui croient donner du sens à l'existence. En fait, la raison et le mythe forment un couple étrange. Au lieu de lui faire contrepoids, la science a renforcé la pensée apocalyptique. Elle a fourni les moyens de nous détruire totalement, nous et notre civilisation, en moins de deux heures, ou de propager un virus mortel dans le monde entier en deux jours. Et, avec l'essor vertigineux de technologies de destruction de plus en plus faciles à se procurer, il n'est pas exclu que les croyants extrémistes, avec leur foi surnaturelle, contribuent à hâter la réalisation des anciennes prophéties.

La grande déception

Les prophéties d'apocalypse ne se sont jamais vérifiées. Parmi les grands « rendez-vous » manqués, citons la « terreur de l'An Mil », pour laquelle certains moines affirmaient que le Jugement dernier allait coïncider avec le millénaire de la naissance du Christ.

En 1843, le prédicateur américain William Miller a annoncé l'apocalypse pour le 3 avril, puis pour le 7 juillet, puis pour le 21 mars 1844, et enfin pour le 22 octobre de la même année. Cinquante mille personnes se sont rassemblées pour attendre le retour du Messie. Les adeptes ont donné à sa non-venue le nom de « Grande Déception ».

En 1910, le retour imminent de la comète de Halley a créé la panique dans le monde entier. Les calculs précis de sa trajectoire, rendus possibles par tous les progrès de l'astronomie newtonienne, prédisaient que la Terre devait traverser sa chevelure. De là à imaginer qu'un nuage de cyanogène allait envahir l'atmosphère et empoisonner la population, il n'y avait qu'un pas.

Des astronomes comme Camille Flammarion eurent beau tenter de rassurer les populations, rien n'y fit. En quelques mois, la panique générale s'installa. On vit 100000 personnes en chemise de nuit monter sur les toits de Constantinople, les habitants de Chicago se calfeutrer dans leurs appartements ; le pape Pie X lui-même dut interdire que l'on entasse des bonbonnes d'oxygène au Vatican.

Au jour J, la comète passa et fut à peine visible dans le ciel. Rien d'anormal ne se produisit et le monde entier poussa un soupir de soulagement...

Il semble pourtant que les hommes ne tirent guère de leçons de l'histoire. Qu'on se souvienne de la panique provoquée par le passage de la comète de Hale-Bopp, qui fut visible pendant un an et demi entre 1996 et 1997 et de ses conséquences désolantes. Le 26 mars 1997, 39 membres de la secte d'Heaven's Gate se donnaient la mort afin de rejoindre un vaisseau spatial extraterrestre caché derrière la comète, qui devait leur permettre d'atteindre les « portes du paradis ». Le vaisseau figurait sur une photo prise par un astronome amateur qui avait, semble-t-il, mal réglé son appareil...

Notons qu'en 1939 personne n'avait rien prédit pour cette année-là, et ce fut pourtant le début de la Seconde Guerre mondiale – le fait le plus proche d'une apocalypse que le monde ait connu.

En l'an 2000, on avait tout prédit pour le passage au troisième millénaire : pannes informatiques monstres entraînant le chaos économique, une guerre nucléaire du fait de la défaillance des systèmes d'alerte, etc. Tout se passa sans encombre.

De fait, il n'y a pas de dates inscrites en enfer ou au ciel. Nous pouvons nous détruire nous-mêmes, ou nous en tirer de justesse. Affronter cette incertitude est de notre devoir de personnes adultes et la seule raison d'agir de façon avisée. Les croyants devraient comprendre que, même s'il existe un dieu bienveillant et attentif, il n'intervient jamais, comme en témoignent toutes les tragédies quotidiennes et tous les enfants morts. Pour les autres, nous savons pertinemment qu'il n'y a personne là-haut. Peu importe qui a tort ou raison : au bout du compte, il n'y aura personne d'autre que nous-mêmes pour nous sauver.

3

Veille active

Retour aux statistiques

Il y a trente ans, nous ne connaissions que très peu d'astéroïdes géocroiseurs. Aujourd'hui, nous pensons avoir recensé 93 % de tous les géocroiseurs de taille supérieure à 1 kilomètre. Notre civilisation est-elle menacée par un « impacteur » cosmique dans un proche avenir ? La réponse est OUI. Nous avons évité de peu des catastrophes humaines lors d'impacts récents (la Toungouska en 1908, le Groenland en 1997). Bien que la probabilité de collision soit statistiquement très faible, la Terre finira tôt ou tard par être frappée par un gros bolide cosmique. La question est : quand et où le prochain impact d'envergure se produira-t-il ?

Une fois admise la réalité de cette menace potentielle, la communauté scientifique a commencé à s'organiser pour connaître, évaluer et mesurer le risque. En premier lieu, il faut estimer la fréquence moyenne des impacts.

Dans la mesure où les gros astéroïdes sont beaucoup moins nombreux que les petits, la fréquence moyenne d'impact avec la Terre diminue rapidement avec la taille. Ces fréquences ne sont pas faciles à déterminer avec précision. Elles sont fondées sur le nombre supposé de géocroiseurs, ainsi que, pour les plus gros d'entre eux, sur les astroblèmes terrestres que leurs impacts passés ont laissés.

– Les impacteurs de 50 mètres, capables de provoquer des événements du type Toungouska, Groenland ou Meteor Crater, surviennent avec une fréquence moyenne d'un ou deux par siècle.

– Tous les 1000 ans en moyenne, un astéroïde de 100 mètres frappe la Terre en libérant une énergie équivalente à 100 mégatonnes.

– Tous les 300000 ans environ, la Terre subit une collision avec un astéroïde de taille kilométrique. À une vitesse typique de 25 km/s, l'énergie dégagée équivaut à celle d'une bombe de 100000 mégatonnes (supérieure à la totalité de l'arsenal nucléaire mondial), et le cratère créé peut atteindre 20 kilomètres de diamètre. La structure de cette taille la plus récente que l'on connaisse est celle de Zhamanshin, au Kazakhstan, qui date de 1 million d'années. Un nouvel impact de cette nature projetterait tellement de poussière et de cendres dans la stratosphère que, masquant la lumière du Soleil, il ferait disparaître plusieurs saisons d'affilée, provoquant épidémies et famine.

– La fréquence moyenne d'impact avec un astéroïde ou une comète de 10 kilomètres est de l'ordre de 1 tous les 100 millions d'années. Rappelons qu'il s'agit de la taille critique à partir de laquelle le volume de poussières injectées dans l'atmosphère terrestre est capable de plonger la planète dans un long hiver astéroïdal et de provoquer des extinctions massives.

Le système Sentry

Bien que les risques statistiques d'une collision cosmique majeure soient, comme nous l'avons vu, faibles, leurs conséquences seraient trop importantes pour qu'on les ignore. En cas de menace astéroïdale, comment informer l'opinion publique sans l'effrayer? Rappelons que l'évaluation des risques se gradue selon l'échelle de Turin. Au degré 0 (ou zone blanche), le risque est nul. Au degré 1 (zone verte), l'intrus doit être surveillé attentivement. Les degrés 2 à 4 (zone jaune) correspondent à des cas jugés «inquiétants» De 5 à 7 (zone orange), la probabilité de collision devient importante et l'astéroïde constitue une vraie menace pour la civilisation. Enfin, la zone rouge (degrés 8 à 10) traduit une collision certaine, suivie d'effets ravageurs.

Les géocroiseurs actuellement recensés se situent tous dans la zone blanche de l'échelle de Turin, à l'exception de deux cités plus haut, égarés dans la zone verte. Aucun ne se trouve dans les zones de risque supérieur – ce qui est plutôt rassurant, mais ne dispense nullement de prendre certaines précautions...

Sentry (« sentinelle », en anglais) est un système automatisé de prévision des collisions d'astéroïdes avec la Terre. Il calcule les orbites des astéroïdes géocroiseurs et catalogue les impacts éventuels prévisibles sur les 100 prochaines années. Lorsqu'un impact potentiel est détecté, il est analysé et le résultat est immédiatement publié, associé à un niveau de risque évalué sur l'échelle de Turin, sur le site Internet Sentry de la Nasa.

Ces résultats doivent cependant être relativisés : en effet, des astéroïdes apparaissent sur cette liste dès que leur orbite se rapproche de celle de la Terre, même si leur trajectoire n'est pas encore entièrement définie en raison d'un nombre insuffisant d'observations. La plupart du temps, lorsqu'un nouvel astéroïde est catalogué, il est retiré de la liste quelques jours après, non pas parce que les calculs sont erronés, mais parce que des observations ultérieures ont infirmé le risque détecté par Sentry.

Sentry est complémentaire du système NEODyS basé à Pise, en Italie. Les équipes en charge des deux systèmes communiquent en permanence afin de vérifier réciproquement leurs résultats et d'améliorer l'efficacité et la fiabilité de chacun des systèmes.

Le 26 décembre 2004, Sentry avait attribué un risque de niveau 4 d'impact sur l'échelle de Turin à l'astéroïde 2004 MN4, le fameux Apophis ; après de nouvelles observations, ce risque avait, comme on le sait, été écarté définitivement.

Conséquences des impacts

Diamètre de l'impacteur	Fréquence moyenne d'impact	Conséquences
10 cm à 10 m	200 par an	Les météorites brûlent en général dans l'atmosphère. Leurs chutes peuvent toutefois endommager des objets comme une automobile ou une toiture. Les accidents mortels sont rarissimes.
50 m	1 par siècle	Cataclysme local (degré 8 échelle de Turin). Exemples connus : impact du Meteor Crater (il y a 50000 ans) ou explosion de la Toungouska (1908). Risques : pertes humaines équivalentes à une inondation ou à un grand tremblement de terre.
100 m	1 par millénaire	Un impact continental détruit une zone de la taille d'une ville. Un impact océanique soulève une vague de 35 mètres de haut, et un raz-de-marée inonde les pays en bordure de l'océan.
500 m	1 tous les 100000 ans	Les impacts terrestres détruisent un État de taille moyenne. Les impacts océaniques causent de grands tsunamis.
1 km	1 tous les 300000 ans	Cataclysme régional (degré 9 échelle de Turin). Destruction de grands États. Pertes humaines : 100 millions de morts.
10 km	1 tous les 100 millions d'années	Cataclysme planétaire (degré 10 échelle de Turin). Extinction de masse.

Il est peu probable que les impacts de degrés 8 et 9 sur l'échelle de Turin aient de sérieuses répercussions sur la biosphère et provoquent des extinctions massives. La composante la plus fragile de l'environnement actuel est la civilisation humaine moderne, qui est très dépendante pour sa survie d'une infrastructure organisée et technologiquement complexe. Bien que l'on pense rarement aux civilisations à l'échelle de millions d'années, il n'y a guère de doute que, si la civilisation dure aussi longtemps, elle souffrira considérablement d'un impact, et sera peut-être même détruite.

Dans le tableau ci-dessus, nous lisons que l'impact d'un corps céleste de plus de 500 mètres de diamètre, n'importe où sur la planète, serait suffisant pour menacer sérieusement notre civilisation, et que la probabilité qu'une telle collision se produise est d'environ 1 sur 100000 par an. Bien que ce risque semble faible, il faut se rappeler que les risques de mourir dans un accident d'avion sont d'environ 1 sur 100000 par an également. En d'autres termes, les risques de mourir dans une collision fatale avec un objet venant de l'espace sont à peu près équivalents à ceux que nous courons de périr dans un accident d'avion !

À première vue, cela peut paraître étrange. Nous avons tous entendu parler de gens ayant perdu la vie dans un accident aérien, mais jamais de victimes d'une collision avec un astéroïde ou une comète. L'explication de ce paradoxe est simple : lors de l'impact d'un corps céleste, les risques de succomber sont très élevés pour tout le monde, alors que dans un accident d'avion seuls les passagers de l'appareil sont concernés (sauf exceptions). En d'autres termes, les collisions cosmiques, même si elles sont rares, affectent le monde entier et sont donc très graves. À l'opposé, les accidents d'avions, même s'ils tuent peu de personnes à la fois, sont beaucoup plus fréquents. Ceci compense cela, sur le très long terme.

Les programmes de surveillance

Dès 1981, différents groupes de recherche sur la détection des géocroiseurs se sont organisés. Le programme Spacewatch, initié par l'astronome Tom Gehrels, de l'université d'Arizona, a commencé à observer le ciel en continu à Kitt Peak (Arizona), prenant pour cible des astéroïdes de la ceinture principale avec un vieux télescope de 1 mètre remis au goût du jour avec une caméra CCD. Chaque nuit, Spacewatch épiait ainsi des centaines d'objets, un millième d'entre eux étant des NEA.

En 1989, année charnière, Spacewatch a détecté son premier géocroiseur, 1989 UP. Dans l'année qui suivit eut lieu la première découverte d'un NEA de façon automatisée. En avril de la même année, un comité technique des affaires spatiales américaines publiait sa prise de position officielle. Cette publication avait été rendue urgente par le passage imprévu, en mars 1989, de l'astéroïde 1989 FC. Cet APD, qui avait croisé l'orbite terrestre à 700 000 kilomètres de distance, n'avait en effet été découvert qu'après son passage. Sa taille était de l'ordre de 500 mètres, et une collision avec la Terre aurait engendré une catastrophe sans précédent dans l'histoire humaine.

À la suite de cette publication, le Congrès américain a demandé la mise en place de deux groupes de travail. L'un devait étudier les coûts, l'échéancier, les méthodes et les technologies d'un programme permettant une augmentation significative du taux de découverte des géocroiseurs. L'autre était chargé de développer la méthodologie et la technologie qui permettraient de modifier la trajectoire de ces astéroïdes, ou de les détruire de manière à éliminer la menace pour la vie sur Terre.

En 1992, David Morrison, de l'Ames Research Center de la Nasa, a publié son rapport sur la première étude. Selon lui, 90 % des géocroiseurs de plus de 1 kilomètre n'étaient pas identifiés, et un financement annuel de 5 millions de dollars pendant dix ans serait nécessaire pour repérer toute menace en temps utile. Or la Nasa y consacrait à peine plus de 1 million de dollars par an. Ce domaine de recherche souffrait donc d'un manque de moyens criant. Morrison proposait de développer un réseau international de télescopes spécialement conçus pour détecter et cataloguer 90 % de tous les géocroiseurs de plus de 1 kilomètre de diamètre dans les vingt-cinq années à venir. Ce réseau de surveillance « Spaceguard », nommé d'après un roman de science-fiction d'Arthur C. Clarke, *Rendez-vous avec Rama*, publié en 1973, exigeait une demi-douzaine de télescopes de 2,5 mètres – la taille minimale pour détecter un astéroïde de 1 kilomètre de diamètre à une distance de 200 millions de kilomètres – disposés tout autour du globe.

Une étude complémentaire, présidée par Eugene Shoemaker, de l'observatoire Lowell, et achevée en 1995, conclut que les progrès accomplis dans l'acquisition d'images permettraient de recenser tous les géocroiseurs de 1 kilomètre en dix ans, pour un coût total de moins de 50 millions de dollars. Pourtant, contre toute attente, la Nasa a recommandé au Congrès l'abandon du programme de surveillance pour des raisons budgétaires.

Entre-temps, un événement astronomique majeur a galvanisé la communauté scientifique : en juillet 1994, la comète Shoemaker-Levy plongeait dans Jupiter, engendrant des jets de feu de 3000 kilomètres de haut. Le phénomène, suivi depuis la Terre par des millions d'astronomes amateurs équipés de modestes télescopes, et relayé par les médias, a fouetté l'intérêt de la population pour les catastrophes cosmiques. Dès lors, le milieu scientifique est entré en effervescence, et différentes organisations ont proposé d'investir dans un système de détection propre à accélérer la découverte des géocroiseurs.

Les médias ont commencé à produire des films et des documentaires qui ont stimulé la prise de conscience du public quant à une possible catastrophe cosmique. La pression grandissante des citoyens a forcé les gouvernements à répondre, entre autres, par l'allocation de moyens plus importants, ce qui permit d'entreprendre certains projets qui avaient été écartés en raison de contraintes budgétaires. On l'a vu plus haut, la chronique d'une catastrophe annoncée par Brian Marsden, le 11 mars 1998, à propos du futur passage du géocroiseur 1997 XF11, s'inscrivait pleinement dans cette stratégie...

Du côté européen, le 26 mars 1996, à Rome, l'assemblée parlementaire du Conseil de l'Europe a voté une résolution invitant les gouvernements des États membres et l'Agence spatiale européenne (ESA) à se préoccuper du problème des géocroiseurs. La première «Spaceguard Foundation» a vu le jour, regroupant des astronomes du monde entier. Le réseau de Spaceguard couvre aujourd'hui l'hémisphère Nord. Le bureau principal est situé en Italie, les groupes qui y sont rattachés se trouvent en Angleterre, au Japon, au Canada, aux États-Unis, en Chine.

Le 6 octobre 2008, la détection du très petit astéroïde 2008 TC3, vingt heures avant sa collision avec la Terre, a démontré l'efficacité du réseau Spaceguard. Les programmes de surveillance du ciel opérés par les astronomes du monde entier, en l'occurrence le Catalina Sky Survey basé à l'observatoire de Tucson (Arizona), avaient permis de suivre l'objet et de prévoir avec précision l'instant et l'endroit de sa chute, à 2 h 46 TU dans le désert de Nubie, au nord du Soudan. Les passagers d'un avion de la compagnie néerlandaise KLM, qui se trouvait à 1400 kilomètres du point d'impact prévu, eurent la chance de pouvoir observer une brève illumination juste avant l'instant calculé pour la chute, au moment de sa désintégration.

Il n'est pas rare qu'un petit astéroïde de ce type tombe sur la Terre, mais la plupart du temps l'événement reste inaperçu. Grâce aux programmes d'observation, les scientifiques peuvent assister aux dernières secondes de la chute de certains météores, lorsqu'ils sont déjà dans l'atmosphère et créent un flash très lumineux dans le ciel. La détermination de leur origine est alors possible, mais reste complexe. Le cas de 2008 TC3 est différent car il fut observé avant sa chute. C'était la première fois que l'on pouvait analyser la trajectoire d'un objet de ce type avant sa pénétration dans l'atmosphère terrestre et, pour les scientifiques, ce fut une occasion en or d'en récupérer des fragments et de tenter de faire le lien avec un corps parent plus massif.

Cet astéroïde mesurait 4,1 mètres de diamètre (soit environ 80 tonnes), c'est-à-dire qu'il était suffisamment petit pour ne pas causer de dégât au sol. Il se désintégra dans l'atmosphère à 37 kilomètres d'altitude, trahissant sa nature fragile, ce qui laissait peu d'espoir de récupérer des fragments dans le désert soudanais. Malgré tout, les chasseurs de météorites ont retrouvé 47 fragments, pour un poids total de 3,95 kilos. L'analyse de la roche et son évolution orbitale ont suggéré que 2008 TC3 pourrait être un morceau détaché d'un autre astéroïde beaucoup plus gros (2,6 kilomètres de diamètre) nommé 1998 KU2.

Films catastroph(iqu)es

Plusieurs films ont été réalisés sur le thème de la menace d'une destruction de la Terre par une collision, soit avec un astéroïde géant, soit avec une comète, voire avec une autre planète. La plupart du temps, ce sont les États-Unis qui sont visés (mais chacun sait qu'ils croient représenter à eux seuls la planète !).

1951 a vu naître *Le Choc des mondes* (*When Worlds Collide*), en Technicolor et beaux décors. Deux planètes se dirigent vers la Terre. L'une d'elles entre en collision, l'autre passe à un cheveu. Il faut sauver quelques humains, les bons de préférence. Les mauvais périssent, mais en fin de film leur ultime sacrifice les rachète quelque peu aux yeux des ligues de défense des familles ! Les rescapés atterrissent sur la nouvelle planète, où ils pourront rebâtir la civilisation, avec probablement les mêmes défauts. Manhattan, symbole de la puissance américaine, est submergé de façon spectaculaire, d'où un oscar pour les effets spéciaux.

Le danger vient de l'espace (*La morte viene dallo spazio*), 1958, est un petit film en noir et blanc réalisé par le cinéaste italien Paolo Heusch. Le chef opérateur n'est autre que Mario Bava, qui s'est plus tard illustré dans le film d'horreur. Cette fois, c'est une poignée d'astéroïdes qui se dirigent droit vers la Terre. Les Américains et les Russes, oubliant pour un temps la guerre froide, joignent leurs forces et envoient dans l'espace un barrage de missiles nucléaires.

Le même scénario, étalé sur 103 minutes, est repris dans *Meteor*, réalisé par Ronald Neame en 1979, avec Sean Connery et Nathalie Wood, en Cinémascope et couleurs. Le docteur Bradley est un astrophysicien en charge d'un projet appelé Hercule. Il s'agit d'un plan de défense de la Terre contre tout corps spatial potentiellement dangereux. Ce projet se résume en un satellite armé de fusées nucléaires. Bradley, déçu par les militaires, démissionne. Il n'accepte pas que ce satellite devienne partie intégrante du système de défense de l'armée. Mais il est rappelé par le chef de la Nasa, car un phénomène astronomique d'importance vient de se produire : une comète a heurté un gros astéroïde et celui-ci a explosé, envoyant dans l'espace une météoride de 8 kilomètres de diamètre ainsi que cinq fragments. Tous ces corps doivent, à plus ou moins brève échéance, entrer en collision avec la Terre. Six jours avant la date prévue pour l'impact, Bradley est nommé chef du plan de défense et propose au président des États-Unis de demander l'assistance des techniciens russes... Le monde est sauvé grâce à l'entente des peuples momentanément alliés contre l'adversité. Mais Manhattan est quand même détruit.

L'approche de l'an 2000, et la recrudescence des peurs millénaristes qui l'accompagna, fut une période particulièrement fertile dans ce domaine. Nous eûmes droit par exemple à la rediffusion à la télévision d'un abominable navet, *Asteroid*, un téléfilm américain qui fait durer le supplice 220 minutes. Puis sortirent deux superproductions hollywoodiennes, blockbusters de l'été 1998: *Deep Impact* et *Armageddon*. À l'époque, j'écrivais moi-même le scénario d'un documentaire sur les comètes pour une soirée thématique d'ARTE consacrée à ces «Vagabondes du ciel», ce qui me donna un bon prétexte pour aller voir ces deux films.

Dans *Deep Impact* (produit par Steven Spielberg), une comète se dirige droit sur la Terre et les humains vont tout entreprendre pour la stopper. Ils se préparent à l'impact en construisant un réseau de tunnels souterrains pouvant accueillir 1 million de personnes pour une période de deux ans. Outre une série de gens éminents, les autres élus sont désignés au hasard, donnant lieu à une rafale de scènes déchirantes («je ne veux pas y aller sans toi», «je cède ma place à mon fils», «s'il faut mourir je préfère le suicide», «je fais la paix avec mon père», etc.). Parallèlement, les tentatives d'enrayer la course du bolide se poursuivent et se soldent finalement par une demi-réussite : seul un morceau de la comète tombe dans l'océan. Il s'ensuit un raz-de-marée qui détruit New York. Les tours qui s'abattent comme des dominos hantent les rêves de bien des réalisateurs !

Dans *Armageddon*, c'est une pluie de météorites qui anéantit New York et Paris (quand même, nous y avons droit aussi). Mais elles ne font qu'annoncer la venue d'un astéroïde de la taille du Texas *(sic)*, qui se dirige vers la Terre à la vitesse de 35 000 km/h. Pour sauver la planète, le directeur de la Nasa n'a qu'une solution : envoyer une équipe dans l'espace pour détruire l'astéroïde. Pour effectuer ce voyage unique, il recrute Harry Stamper, le plus grand spécialiste au monde en forages pétroliers. Stamper et son équipe de têtes brûlées doivent se poser sur l'astéroïde et placer en son cœur une charge nucléaire. Confrontés aux conditions physiques et aux émotions les plus extrêmes, ces soldats du défi s'avèrent bientôt les seuls espoirs de l'humanité tout entière. On salue les héros, et le sacrifice ultime du plus brave d'entre eux, Bruce Willis. Le bruitage et la musique sont tellement tonitruants qu'on est heureusement dispensé de suivre les dialogues.

Deep Impact et *Armageddon* sont arrivés à point nommé pour promouvoir les programmes qui visaient à repérer dans le ciel les objets potentiellement dangereux pour notre planète.

Ainsi, le budget de la Nasa pour la recherche d'astéroïdes géocroiseurs fut porté à 3 millions de dollars en 1998, le double de l'année précédente. De son côté, l'US Air Force annonça sa volonté de renforcer son programme Linear (Lincoln Near Earth Asteroid Research) qui avait déjà permis la découverte d'un nombre conséquent d'astéroïdes. Spacewatch, le programme vétéran de l'observatoire de Kitt Peak, fit peau neuve en s'équipant d'un nouveau télescope. Le programme Neat (Near Earth Asteroid Tracking) a utilisé un télescope à Hawaï et un autre au mont Palomar à partir de 2001. D'autres programmes (Loneos, Catalina) ont été créés en Arizona.

4

La guerre des étoiles

Comment combattre les astéroïdes tueurs ?

Repérer le danger, c'est bien. L'éliminer, c'est mieux. Quelle serait la meilleure manière de se débarrasser d'un rocher de l'espace trop menaçant ? S'il était possible de connaître très précisément la date et l'heure d'arrivée d'un « astéroïde tueur », pourrait-on éviter la catastrophe ?

Les premiers qui se penchèrent sur la question furent les scientifiques du Lawrence Livermore National Laboratory et du Los Alamos Laboratory, rompus aux techniques d'explosions nucléaires, ainsi que les militaires de l'US Air Force. Et ce d'autant plus volontiers que les uns et les autres avaient déjà planché sur un sujet proche sous la présidence de Ronald Reagan : la mise en place du programme IDS (Strategic Defense Initiative), plus connu sous le nom de « Guerre des étoiles », dont le but était de détruire les satellites et les missiles ennemis en vol.

Si le programme militaire a été abandonné sous son nom d'origine, il a été récupéré par des astronomes sous le nom de « Ballistic Missile Defense Organization ». En janvier 1994 fut lancée la sonde spatiale Clementine, qui a cartographié la surface de la Lune en utilisant une technologie développée durant la Guerre des étoiles. En 1996, la sonde Near (Near Earth Asteroid Rendez-vous), issue également du programme IDS, fut envoyée avec succès vers l'astéroïde 433 Éros (cf. p. 189).

« On ne peut pas toujours compter sur Bruce Willis pour sauver la Terre. Il faudra le faire nous-mêmes », s'est amusé à dire Robert Farquhar, chargé de réfléchir sur le sujet au sein de l'Académie internationale d'aéronautique. On a vu que, dans *Armageddon*, l'acteur américain incarne le spécialiste des forages qui a pour mission de placer au cœur de l'astéroïde tueur une charge nucléaire pour le détruire. Ce scénario est notoirement idiot, car l'astéroïde se fragmenterait en morceaux qui frapperaient la Terre en plusieurs points au lieu d'un seul. Qui plus est, les débris seraient radioactifs...

En réalité, pour bien faire il faudrait positionner la charge *au-dessus* de la surface de l'astéroïde. L'explosion n'entraînerait pas d'onde de choc, en l'absence d'atmosphère, mais la forte émission de rayonnements X et gamma vaporiserait une partie de sa surface, de manière uniforme, et la poussée ainsi engendrée dévierait l'astéroïde. Le recours très impopulaire à une charge nucléaire semble donc inévitable, au moins pour les gros géocroiseurs.

Les charges explosives nucléaires pourraient être envoyées par des fusées intercontinentales, ou par des navettes opérant dans l'espace depuis la Station spatiale internationale (ISS) – en admettant que l'existence de cette dernière soit pérenne. Ces navettes, comme la MPCV construite par la compagnie Lockheed Martin ou les ATV de l'Agence spatiale européenne, sont prévues pour assurer la maintenance et l'amélioration des télescopes spatiaux; mais elles pourraient, à l'occasion, aller visiter en urgence un APD et larguer des charges nucléaires à sa surface. Encore faudrait-il en avoir le temps. Il arrive fréquemment qu'un astéroïde ne soit repéré qu'une poignée d'heures avant son passage à proximité de la Terre, ou qu'il soit même constaté après coup seulement. Or, il faudrait entre 50 et 100 ans pour préparer une telle défense. En outre, l'entreprise devrait être placée sous contrôle international, afin qu'elle ne puisse pas servir à l'élaboration de techniques de guerre spatiale. Enfin, cette intervention ne serait pas forcément couronnée de succès, à en croire de récents travaux de simulation. Détruire ou détourner un astéroïde dépendrait, en fait, de la composition interne de celui-ci, de ses vides et de ses fractures susceptibles d'amortir le choc. Le remède miracle n'existe pas, et les solutions pour parer à un impact fatal restent encore à imaginer et à tester.

Connaître l'ennemi

Que pourrait-on faire si les astronomes annonçaient qu'un astéroïde ou une comète de la taille d'une montagne allait entrer en collision avec la planète ? Tout dépend de trois facteurs :

- la composition de l'objet ;
- le délai d'intervention ;
- la taille de l'objet.

D'abord, la composition. Les NEO (Near Earth Objects) se divisent en trois catégories : les astéroïdes rocheux (c'était le cas de la météoride pierreuse qui a explosé au-dessus de la Toungouska en 1908), les astéroïdes métalliques (comme la météorite ferreuse qui a creusé le Meteor Crater en Arizona) et les comètes.

La sonde Giotto, qui a traversé la queue de la comète de Halley en 1986, a donné un avant-goût de ce que les comètes peuvent contenir : en gros un tiers de glace, un tiers de roches argileuses et un tiers de matière organique, dont des hydrocarbures. Avoir affaire à une comète ne pose donc pas du tout le même type de problèmes que d'être confronté à un astéroïde compact, dont la cohésion est beaucoup plus grande.

Le délai d'intervention est encore plus déterminant que la composition de l'objet. Le 7 janvier 2002, un astéroïde de 300 mètres est passé à 800 000 kilomètres de la Terre. Les astronomes n'ont découvert sa présence que le 26 décembre 2001, soit une dizaine de jours avant son passage. Si leurs calculs avaient montré qu'il se dirigeait droit sur la Terre, il aurait été impossible d'éviter la catastrophe en essayant de détourner l'astéroïde de sa trajectoire. Tout au plus aurait-on eu le temps de déclencher l'évacuation de la zone menacée.

L'impact aurait dévasté l'équivalent de la Belgique et provoqué de sérieux dégâts à des centaines de kilomètres à la ronde.

Les scientifiques assurent que si on leur donnait les moyens technologiques et les financements suffisants, leurs chances de découvrir les astéroïdes dangereux longtemps à l'avance seraient très grandes. Cela a été le cas avec un bolide de 1 kilomètre de diamètre, aperçu pour la première fois le 23 février 1950 croisant à 8 millions de kilomètres de la Terre, baptisé 1950 DA. Il a été observé pendant 17 jours puis a disparu. Un demi-siècle plus tard, le 31 décembre 2000, un objet qui venait d'être nommé 2000 YK66 s'est avéré ne faire qu'un seul avec 1950 DA. Grâce aux mesures de position et de vitesse séparées de 51 années, on a pu calculer sa trajectoire. Il devrait passer à 290000 kilomètres de la Terre le... samedi 16 mars 2880 ! Compte tenu de l'imprécision des données, il y aurait un risque sur 300 pour qu'un impact avec la Terre se produise. Mais, vu l'échéance lointaine, on peut raisonnablement espérer que l'humanité (si elle ne s'est pas autodétruite avant) aura mis au point des parades efficaces.

En revanche, les comètes posent un grave problème. Alors que les astéroïdes se meuvent à 25 km/s, celles-ci peuvent se diriger vers la Terre à une vitesse pratiquement double. Une comète frappeuse libérerait dix fois plus d'énergie qu'un astéroïde de même taille et laisserait deux fois moins de temps pour être interceptée avant l'impact. Le plus perturbant est le facteur de surprise lié aux comètes dites « à longue période ». Comme leurs orbites dépassent 200 ans de période, la plupart d'entre elles n'ont jamais été repérées, et peuvent donc apparaître brusquement, comme surgies de nulle part. Ce fut le cas de la comète Hyakutake, qui nous offrit un spectacle remarquable au printemps 1996, passant à 15,2 millions de kilomètres de la Terre le 25 mars après avoir été découverte seulement le 31 janvier.

On estime généralement que l'on ne peut détecter une nouvelle comète à longue période plus d'un ou deux ans à l'avance, un délai extrêmement court nécessitant une prise de décision immédiate au niveau international.

Le troisième facteur critique est la taille. Les objets d'une taille inférieure à 100 mètres peuvent être détruits par de gros missiles – tel par exemple le LEM (Lightweight Exoatmospheric Missile), conçu par Boeing pour les besoins de la Guerre des étoiles. Mais tout objet significativement plus gros exigerait une action plus radicale.

Plans de bataille

Pulvériser – Nombre de physiciens s'accordent à dire que la seule façon de libérer assez d'énergie pour contrer rapidement les APD reste l'arme nucléaire, qui offre le meilleur rendement énergie/poids (le poids étant la contrainte principale lorsqu'on envoie une mission dans l'espace). Des lanceurs lourds, comme la fusée russe Proton ou l'Européenne Ariane V, pourraient être utilisés comme propulseurs – le programme américain Titan ayant été arrêté en 2005. Pour s'assurer que le ou les objets seraient pulvérisés et non pas fragmentés en morceaux qui pourraient retomber sur Terre, Edward Teller (le développeur de la bombe à hydrogène, décédé en 2003) a estimé simplement qu'il faudrait mettre suffisamment d'explosifs. Selon lui, il faut savoir ce qu'on veut: «Quand je me sens mal et que je dispose d'un remède, ma seule préoccupation est de guérir.»

D'autres pensent que si le remède était inefficace et que des fragments retombaient sur Terre, le résultat serait encore pire que si on n'avait rien fait. Des études récentes montrent que la chute d'une série de gros morceaux aurait des conséquences globales plus dévastatrices qu'un seul énorme bloc, en initiant de nombreuses conflagrations isolées qui finiraient par se fondre en une tempête de feu globale. Et bien sûr, les débris seraient radioactifs.

Pour ces raisons, l'astrophysicien Clark Chapman, du Planetary Science Institute, affirme quant à lui que si le délai d'intervention est trop court, il vaut mieux concentrer les efforts sur l'évacuation de la zone d'impact et l'accumulation de provisions de survie, plutôt que de risquer une conflagration planétaire.

Les États-Unis, la Russie, la France, toutes les nations ayant développé le nucléaire et de nombreuses autres sont impliquées dans ces programmes de prévention. Des recherches théoriques et expérimentales sont encore nécessaires avant que l'on soit en mesure d'effectuer des expériences directes de désintégration dans l'espace. Par exemple, il est nécessaire de savoir précisément comment et avec quelle puissance il faut frapper un astéroïde pour qu'il n'éclate pas en morceaux encore plus dangereux. Dans plusieurs laboratoires, on simule de telles collisions.

Le problème politique et financier qui se pose est le suivant : étant donné l'improbabilité d'un désastre, faut-il dépenser des milliards de dollars pour tenter de l'éviter ? La réponse est oui. Le coût typique d'une seule mission spatiale (telle qu'une mission de déviation d'orbite de météore) est de 200 millions de dollars. Ce n'est rien en comparaison de ce que coûterait l'impact d'une météorite de 2 kilomètres : 20 000 milliards de dollars par an – le produit brut mondial de l'activité économique – pendant vingt ans, le temps nécessaire pour effacer les traces de la catastrophe et revenir au point de départ (remarquez au passage que, de nos jours, on compte les dégâts en dollars, et non pas en vies humaines).

On peut envisager un système de prévention nucléaire à l'échelle mondiale. Une demi-douzaine de propulseurs désarmés seraient placés sous le contrôle des Nations unies. Les charges nucléaires seraient détenues indépendamment par un consortium de nations. Si un danger venu de l'espace se manifestait, les charges seraient acheminées vers les propulseurs et le tout vers les aires de lancement en moins d'une semaine. C'est précisément le délai de réponse imparti aux protagonistes du film *Meteor*. Si le point de départ du film est un scénario classique, sa résolution, qui montre la façon dont les scientifiques construisent la parade, a été inspirée par un sujet proposé en 1967 aux étudiants ingénieurs du célèbre Massachusetts Institute of Technology. Les étudiants avaient naturellement abouti à la parade nucléaire. Le film sonne étrangement juste quarante ans plus tard. La solution finale, dans laquelle une fusée russo-américaine parvient à pulvériser l'astéroïde, est précisément celle que l'on utiliserait aujourd'hui dans des conditions similaires – en y rajoutant l'Europe et la Chine.

Dévier – Pour éviter le danger de fracturer l'impacteur, d'autres chercheurs pensent que la meilleure méthode consisterait à le dévier de sa course. Là aussi, tout dépend du délai d'intervention. Les comètes à longue période détectées « sur le pas de la porte » exigeraient des poussées comprises entre quelques mètres et quelques centaines de mètres par seconde pour être déviées de leur trajectoire mortelle, tandis que pour les astéroïdes repérés des années à l'avance à plusieurs millions de kilomètres de distance, une poussée de quelques centimètres par seconde suffirait. En effet, à grande distance un tout petit angle de déviation fait diverger suffisamment la trajectoire, tandis qu'à faible distance, il faut une déviation nettement plus grande pour éviter la Terre.

Johndale Solem, physicien à Los Alamos, a publié quantité d'articles sur les scénarios de déviation. Il affirme que la meilleure façon de dévier un géocroiseur serait l'explosion d'une bombe à neutrons déclenchée un peu au-dessus de la surface de l'astéroïde. Il a calculé qu'une explosion de 4 mégatonnes fournirait une poussée de 50 cm/s, suffisante pour dévier sans le fragmenter un astéroïde gros d'un kilomètre. Étant donné que le rayon de la cible (notre planète) est de 6 370 kilomètres et que l'astéroïde se déplace à environ 25 km/s, une fusée devrait atteindre sa cible au moins cinq mois avant l'impact. Si on dispose de plus de temps, on peut intercepter le bolide plus tôt et le dévier d'un angle plus faible, ce qui veut dire que moins d'énergie est nécessaire.

Écorcher – Grâce à un miroir gonflable de 800 mètres, on concentrerait les rayons du Soleil sur un point de l'astéroïde. La surface s'échaufferait à plus de 1 000° C et se mettrait à fondre, des panaches de vapeur jailliraient du corps céleste et fourniraient une poussée suffisante pour le dévier de sa route. On pourrait également utiliser un laser ultra puissant. Une autre solution serait de creuser la surface de l'astéroïde sur une profondeur de plusieurs centimètres ; 1 tonne de TNT (mais qui irait la déposer ?) suffirait à écorcher 1 centimètre de la surface d'un corps de 1 kilomètre de diamètre.

Dans le même ordre d'idées, le projet « Canon à étincelles », développé pendant la Guerre des étoiles, consisterait à provoquer, à l'aide de machines robotisées posées sur l'astéroïde, de brèves et intenses décharges électriques qui, en projetant dans l'espace des débris, dévieraient la trajectoire du bolide.

Ces techniques exigeraient toutefois une connaissance parfaite de la composition de l'astre.

L'effet Yarkovsky – Dans une tout autre approche, on peut envisager de modifier la trajectoire d'un bolide cosmique en jouant sur l'effet Yarkovsky. Ce dernier stipule que les propriétés physiques de la surface d'un astéroïde affectent la réflexion de la lumière solaire, et peuvent donc modifier son orbite. Il s'agirait donc de déverser une couche de poussière colorée de 1 centimètre d'épaisseur à la surface de l'astéroïde (mais cela nécessiterait l'envoi de 250 000 tonnes de matériau, soit l'équivalent de 90 fusées Saturne V utilisées lors du programme Apollo). Le chercheur américain Joseph Spitale a par exemple proposé de saupoudrer un astéroïde de talc blanc ou de poussière noire afin de modifier son albédo. Les rayons solaires exerceraient sur lui une pression différente, suffisante pour le pousser hors de son chemin. Une technique qui pourrait exiger un siècle de travail.

Plus simple sans doute à réaliser, on pourrait déployer un réflecteur géant à la surface du météore et laisser faire la pression du rayonnement solaire pour changer peu à peu sa trajectoire.

Voiliers de l'espace – La palme de l'idée la plus élégante dans le domaine revient aux voiles solaires. Le concept est simple : il s'agit d'utiliser la pression de radiation émise par le Soleil pour se déplacer dans l'espace à la manière d'un voilier. Plus la voile est grande et réfléchissante, plus grande est la force de propulsion. Une voile de 220 000 m² est nécessaire pour obtenir une poussée de 1 kg.m/s. La difficulté est de transporter la voile lors de sa mise en orbite, de l'arrimer à l'astéroïde, de la déployer et de la diriger dans le vide interplanétaire. Les études de faisabilité n'en sont qu'au stade expérimental.

Remorquage gravitationnel – La solution la moins difficile à mettre en œuvre a récemment été proposée par Edward Lu et Stanley Love, deux astronautes de la Nasa, membres de la Fondation B612. Dans le cas où le danger de collision d'Apophis avec la Terre se préciserait après son passage en 2029, ils ont suggéré l'envoi, en 2027, d'un vaisseau spatial de 1 tonne et de la taille d'une simple cabine Apollo à proximité immédiate d'Apophis, et de l'y maintenir en position au moyen de moteurs ioniques fonctionnant à l'énergie solaire. Selon leurs calculs, la seule force d'attraction entre les deux objets suffirait à dévier l'astéroïde des quelques centaines de mètres nécessaires afin qu'il manque en 2029 le «trou de serrure» de 600 mètres de diamètre qui le conduirait à percuter la Terre sept années plus tard. Le vaisseau agirait en quelque sorte comme un «tracteur», utilisant simplement la gravité comme câble remorqueur, sans entrer en contact avec l'astéroïde.

Cette méthode ne serait pas sensible aux propriétés physiques de la surface, ni à la structure interne et à la rotation de l'astéroïde. Le vaisseau aurait seulement besoin de rester en vol stationnaire, dans la direction du remorquage, tandis que l'astéroïde tournerait en dessous de lui.

Si le projet est ambitieux mais faisable, la Nasa n'a pas fourni de réponse officielle aux relances de la fondation B612. Il est vrai que tout risque de collision avec Apophis semble écarté pour 2036, mais l'idée peut parfaitement être appliquée à d'autres menaces astéroïdales.

Quelle que soit l'option choisie, ces «médecines douces» ne seraient applicables que si l'on disposait de suffisamment de temps avant l'impact: plusieurs dizaines d'années, voire un siècle. Un délai bien suffisant pour certains astéroïdes à l'orbite calculée longtemps à l'avance, comme 1950 DA, mais malheureusement trop court pour les comètes et les bolides dont les trajectoires chaotiques sont impossibles à prévoir plusieurs dizaines d'années à l'avance. En ce cas, seuls les moyens nucléaires pourraient être utilisés.

Mission Don Quichotte

Si l'on peut regretter que l'engagement de l'Agence spatiale européenne (ESA) soit encore timide par rapport à celui de l'Agence américaine, l'ESA prend malgré tout la problématique des NEO très au sérieux. En 2004, un comité de consultation sur les NEO a recommandé à l'ESA de développer une mission à destination d'un astéroïde. Toujours en cours de définition, la mission Don Quichotte, qui prévoit l'utilisation de deux vaisseaux en route pour étudier un astéroïde *in situ* et analyser son comportement après le violent impact d'un des deux engins, devrait être effectivement lancée un jour.

Il est évident que nos connaissances sur la nature même des astéroïdes doivent grandement s'améliorer. Aujourd'hui, elles ne sont que superficielles. De ce fait, personne ne peut dire avec certitude si un astéroïde fonçant sur la Terre peut être dévié de sa trajectoire, fragmenté en gros blocs, voire pulvérisé en une multitude de petits morceaux. Pourquoi ? Tout simplement parce que nous manquons d'informations sur leur composition, leur densité ou encore la façon dont ils sont amalgamés.

La mission Don Quichotte vise précisément à aider à mieux comprendre comment dévier de sa trajectoire un astéroïde menaçant la Terre. Don Quichotte se compose de deux vaisseaux, Sancho et Hidalgo. Tous les deux seront lancés en même temps, mais Sancho aura une trajectoire plus rapide à destination de l'astéroïde cible. Quand il sera proche de l'objet, il débutera une campagne d'observation et d'étude de sept mois. Pour cela il utilisera des pénétrateurs et des sismomètres pour mieux comprendre sa structure interne. Quant à Hidalgo, il s'écrasera contre sa surface à très grande vitesse, ce qui fournira des informations sur le comportement et la structure interne de l'astéroïde après un tel impact. Mesures qui seront comparées aux données précédemment acquises par Sancho. L'impact d'Hidalgo creusera une partie de l'astéroïde et la région mise à nu, ainsi que ses éjectas, seront étudiés par Sancho. Après l'impact, Sancho et quelques télescopes terrestres surveilleront l'orbite et la rotation de l'astéroïde pour voir si elles ont été affectées.

Bien qu'il s'agisse avant tout d'une mission scientifique, Don Quichotte fera office de banc d'essai pour éprouver et valider de nouvelles technologies pour de futures missions de déviation. Il est actuellement prévu de :

– mesurer la masse de l'astéroïde ;

– déterminer sa composition minéralogique, sa structure interne et la taille des morceaux principaux qui le constituent ;

– mesurer la déviation orbitale de l'astéroïde consécutive à l'impact d'Hidalgo ;

– mesurer sa rotation avant et immédiatement après l'impact.

Pour résumer...

Un groupe de travail de l'American Institute of Aeronautics and Astronautics a rendu un rapport dans lequel il distingue trois scénarios catastrophe.

Le premier concerne un objet d'environ 50 mètres de diamètre, qui heurterait la Terre d'ici vingt à trente ans. C'est assez pour prendre ses précautions. On pourrait le détourner de sa trajectoire moyennant une poussée raisonnable grâce à des engins spatiaux, à moteur ionique par exemple, lancés par des fusées conventionnelles. À titre préventif, les populations des régions côtières seraient évacuées au cas où l'astéroïde tomberait dans l'océan et provoquerait un raz-de-marée. Les chances de succès sont considérées comme « bonnes ».

Le second scénario concerne un objet de 1 à 2 kilomètres de diamètre, avec un impact dévastateur prévu dans une dizaine d'années. Un milliard de victimes, estime le rapport. Les solutions envisagées passent par l'usage de charges nucléaires et nécessitent de développer rapidement un nouveau système de lanceurs pour les amener à destination. La probabilité de succès est jugée « modérée ».

Le dernier scénario est celui de l'apocalypse : une comète de 5 kilomètres fonce vers la Terre. On ne la détecterait que deux ans avant l'impact. Le rapport mentionne une tentative désespérée d'envoyer des douzaines de lanceurs équipés de charges nucléaires, avec une probabilité de succès qualifiée de « faible ».

En tout état de cause, il paraît important aujourd'hui de poursuivre les recherches qui nous permettront de découvrir qu'un astéroïde ou une comète éteinte se dirige contre nous, et de se préparer à faire face à une telle éventualité.

Dans cette optique, il est évident qu'il nous faut enrichir nos connaissances sur la nature même de ces objets, car elles demeurent encore superficielles. Personne en effet n'est aujourd'hui en mesure d'affirmer qu'un astéroïde fonçant sur la Terre peut être dévié de sa trajectoire, fragmenté en gros blocs, voire pulvérisé en une multitude de petits morceaux, ceci tout simplement parce que nous manquons d'informations sur leur composition, leur densité ou encore la façon dont ils sont amalgamés.

Développer notre compréhension de l'Univers qui nous entoure sera l'un des défis les plus passionnants de notre siècle. La vraie conquête de l'espace ne fait assurément que commencer.

Le mot de la fin

« Que ma présence qui vous cause énigmatique malaise, haine sans rémission, soit météore dans votre âme » (René Char, *Le Météore du 13 août*).

au cherche **midi**

dans la collection **Documents**

LAURENT CABROL

Et si la Terre s'en sortait toute seule ?

En vert et contre tous

THIBAULT DAMOUR

Si Einstein m'était conté

AUDREY GUILLER – NOLWENN WEILER

Le Viol un crime presque ordinaire

JEAN-MICHEL GUYOT

Les Infections nocosomiales, une histoire sans fin ?

PATRICK PELLOUX

Urgences pour l'hôpital

Histoires d'urgences (tomes 1 et 2)

Urgences, si vous saviez

HOMAYRA SELLIER – SERGE GARDE

Enquête sur une société qui consomme des enfants

Documents « Société/Économie »

JACQUES BENHAMOU

Héritages, patrimoine, successions

SAUVEUR BOUKRIS

Ces médicaments qui nous rendent malades

Santé, la démolition programmée

FRANCK CHAUMONT
Homo-ghetto.
Gays et lesbiennes dans les cités :
les clandestins de la République

YVES COUPRIE
Manuel de survie par temps de crise

JEAN-BAPTISTE DROUET
Les Maltraitances invisibles

MARIELLE DUMORTIER
Mon médecin du travail

PIERRE MARTIN
L'Économie de proximité

EMMANUEL PERRAT
ET LAURENT KUPFERMAN
Le Paris des francs-maçons

Mis en pages par Graphic Hainaut 59163 Condé-sur-l'Escaut
Imprimé en France par CPI Firmin Didot
Dépôt légal : octobre 2012
N° d'édition : 1779 – N° d'impression : 113355
ISBN 978-2-7491-1779-9